김성철

- 대한민국명장 선정 이용직종 제 570호
- 이용기능장 / 평생교육사 2급 / 직업능력개발훈련교사 1급
- (사) 한국이용사회 중앙회 부설 이용산업연구소 소장
- 정화예술대학교 전임교수
- 세부직무분야전문위원(이용직종)
- NCS 이용분야 공동연구원 및 퍼실리테이터
- 국가직무능력표준(NCS) 이용분야 신자격제도 개발
- 국가직무능력표준(NCS) 이용분야 학습모듈 개발 책임연구원
- NCS 기반 이용직종 신직업자격 평가(검정) 기준 및 문제원형 파일럿테스트 대표위원
- 국가직무능력표준(NCS) 이용분야 개발 및 개선 책임연구원
- 대한민국이용장회 중앙회 고문
- 기능올림픽 선수선발전 심사위원
- 지방기능경기대회 심사위원
- 서경대학교 대학원 강의
- 상명대학교 대학원 강의
- 인천생활과학고등학교 강의
- 경기도 화성직업훈련교도소 이용기술교육

상훈

- 제25회 전국기능올림픽(이용분야) 은메달
- 독일 베를린 세계대회 클래식 부문 1위 수상
- 96 파리세계 이 · 미용기술경연대회 한국대표 선발전 최우수상
- 태국 QUEEN'S CUP HAIR WORLD 대회 3위 입상
- HAIR WORLD 98' SEOUL 세계선수권대회 한국대표
- 경원대학교 총장배 전국 이 · 미용예술콘테스트 토탈창작부문 금상(일반부)

김하나 (감수)

현) 쎄아떼이용미용전문학원 강사
　　한서대학교 강의
　　쎄아떼바버샵 근무
　　직업능력개발훈련교사 미용서비스 3급
　　교원자격증 (실기교사 : 미용)
　　이용장/이용사/미용사
　　두피관리사 3급/ 네일 테크니션
　　국가직무능력표준(NCS) 이용분야 개선사업 교육전문가위원

서울특별시기능경기대회 헤어디자인직종 금메달
C.A.T 세계대회 한국회장배 이용부문 남성 골든펌　금상
C.A.T 세계대회 한국회장배 이용부문 위그커트 은상
C.A.T 세계대회 한국회장배 남성부분　아이론퍼머넌트 동상
대한미용사회 전라북도지사배 미용예술경연대회 롱헤어오픈종목 금상

NCS 기반

이발실무
남성커트의
모든것

대한민국 국가대표 브랜드 · 국가자격 시험문제 전문출판 · 에듀크라운 국가자격시험문제 전문출판 · 크라운출판사 국가자격시험문제 전문출판 http://www.crownbook.co.kr

1. 點滴穿石, 가난은 결코 나를 굴복시킬 수 없다.

點滴穿石(점적천석). 전라북도의 어느 마을의 작은 바닷가 태생으로 가난과 함께 자라난 나에게 점적천석은 일생을 관통하는 좌우명이었다. 중학교 졸업을 앞둔 85년도 어느 추운 겨울날 인천으로 상경한 나는 86년에 고등학교에 진학해 낮에는 일을 하고 밤에는 책과 사투를 벌이며 주경야독했다.

많은 것을 제약하는 가난은 어린 마음에 부모님을 원망하게 만들기도 하였다. 돈을 벌어서 가난으로부터 벗어나는 것이 인생 최대의 목표였던 내게 "이용을 하면 돈을 많이 벌 수 있다"는 주변 사람들의 이야기는 마치 내가 걸어가야 할 길을 확고하게 보여주는 운명과도 같은 말이었다. 이발기능 공부를 시작하면서 선배들로부터 설움을 당하거나, 파마롯드 20개를 입에 넣고 1시간가량을 버텨내는 벌을 받기도 했었다. 막내였던 까닭에 선배들의 심부름이며 설거지는 모두 내 몫이었다. 쌀을 살 돈이 없어 하루 세끼를 라면으로 버티며 악착같이 이발기능 공부에 매진했던 시절이었다. 빈혈로 쓰러지기도 하였고, 위가 망가져 몸 고생도 이어졌다. 힘들고 어려웠지만 중도에 포기할 수는 없었다. 어린 나이였지만 가난이 결코 나의 꿈을 방해할 수는 없다는 확고한 신념이 있었기 때문이었다.

87년, 인천지방이발기능경기대회에 처음 출전해 고배를 마셨고, 이듬해 대회에서 은메달을 수상했다. 이후 포기하지 않고 계속 출전하여 90년도에 전국기능경기대회에서 은메달을 수상하였지만 금메달을 목에 걸어 2인자라는 꼬리표를 떼고 싶었다. 각종 국내 대회에 출전해 상을 받았고, 태국 퀸스컵 아시아대회, 독일베를린 세계대회 클래식 부분에서 1위 등으로 입상하며 세계적인 기능인들과 어깨를 나란히 할 수 있었다.

2. 이용업 발전, 그 힘든 외길을 걷다.

한국산업인력공단 시행 이용장 자격 취득 후에는 끊임없이 이용기술을 연구, 개발하는데 몰두했다. 1996년, 26살의 젊은 나이에 내 이름 석 자를 건 이용실(남성헤어 전문점)의 문을 열 수 있었다. 수년간 다져온 이용 기술은 자신있었지만, 경영 관련 지식의 부족함을 느낀 나는 98년에 경원대학교 경영대학원 기업경영 최고경영자과정을 통해 경영에 대한 학문적인 지식을 쌓아나갔다. 당시 최초로 기능올림픽 금메달리스트이자, 한국 이용업계의 거장이셨던 성왕복 선생님을 만나게 되어 대학 최고경영자과정에 함께하였다. 성 선생님과의 만남은 운명이기도 했다.

이전까지만 해도 나에게 있어 가장 큰 가치는 '돈'이었다. 그러나 성 선생님과의 만남 이후 내게 가장 존귀한 가치는 '이용업의 발전'으로 바뀌었다. 이용업에 대한 고민과 걱정이 많으셨던 성 선생님께서는 "자네 같은 젊은 인재가 많았으면 좋겠다"며 종종 아쉬워하시곤 하셨다. 몸살감기인줄만 알았던 선생님의 병환은 급속도로 악화되어 갑작스레 작고하셨고, 수많은 사람들이 선생님의 죽음을 애도하였다. 그때 나는 내 자신과 '선생님이 미처 이루시지 못한 꿈을 이루겠다'는 약속을 했다. 스물아홉의 일이었다. 선생님이 이끌어 오셨던 단체인 세계 이·미용 창작협회(C·A·T)의 총무를 맡게 되었고, 누구보다 열심히 활동하며 흩어진 회원들은 물론 신규 회원을 모아 협회를 성장시키는 데 주력했다. 내가 총무를 처음 맡던 당시 협회의 통장에는 22만 원이 전부였다. 점차 회원이 늘어나고 협회에 대한 업계종사자들의 인식이 좋아지면서 회비 통장의 잔고는 천만 원이 넘어섰다.

그러나 여전히 이용업은 낙후된 분야로 치부되고 있었다. 새로운 이용기술교육, 컬러 및 커트 신기술 교육, 이용업 환경 개선 등에 앞장섰고, 온라인교육을 통해 최신의 이용기술 보급에 주력해나갔다. 그로인해 회원들의 신임을 얻어 31살이 되던 2001년, 큰 뜻을 품고 C·A·T 이용분야 회장에 출마하였지만, 너무 젊다는 이유로 낙선하고 말았다. 이 일을 계기로 단체를 떠나 독자적으로 이용업의 발전을 모색하는 길을 걷기 시작했다. 같은 해 이용기술 보급화와 환경개선을 위해 이용프랜차이즈를 설립

하였고, 멤버십 회원제 도입, 가맹점 개설 등 프랜차이즈 활성화에 매진하였다. 이런 노력을 알아준 것일까? 34세 최연소자로 한국산업인력공단 세부위생분야 전문위원으로 활동할 기회가 주어졌다. 이용업에 대한 직무분석, 이용사·이용장 자격증 시험의 출제기준 개정 및 수정보완, 검토 등을 통해 많은 기준들을 새롭게 마련해나갔다. 그러나 언제나 성공만이 나를 찾아온 것은 아니었다. 이용업 환경개선을 위해 시작한 프랜차이즈를 하는데 어려움에 봉착했다. 문제는 젊고 유능한 인재의 부족이었다. 인력 수급에 차질이 발생하는 현실에 대한 안타까움과 개선의 의지는 교육기관 개원으로 이어졌다. 후진 양성의 뜻을 품게 된 것이었다.

기술교육에 전력을 다하면서 이용업에 대한 교재가 부족하다는 사실을 알게 되었고 집필과 검수를 통해 2005년에야 이용사 필기 실기책과 총정리 문제집을 발간할 수 있었다. 당시 나는 실기 모델을 사람에서 위그모델로 바뀌어야 한다는 인식을 가지고 있었고, 이를 교재에 활용하는 한편 공단 및 이용사를 희망하는 이들에게 알려나갔다. 이러한 노력으로 2013년에 마네킹으로 모델이 변경될 수 있었다. 이밖에도 나는 후진 양성을 위한 노력을 멈추지 않았다. 고급 정통이용기술, 이용장 교육을 실시하였고 2008년에는 이용장 필기와 실기 관련 책자도 발간하였다. EBS 직업정보뱅크, 한국경제 TV 직업휴먼스토리 등 방송에 출연해 이용사라는 직업에 대해 알려나갔고, 숙명여대, 교육문화회관, 올림피아 호텔 등 여러 곳에서 이용 작품 발표 및 헤어쇼를 진행하기도 하였다. 한일교류행사로 진행한 장애인 헤어쇼는 국내 이용기술과 이용업 현황을 알리는 계기가 되어주기도 했다. 이용산업 현장이 아닌 강단에 서서 이용업에 대한 인식의 전환을 꾀하기도 하였다. 대학 교수님들을 모시고 쎄아뻬프리미어 직영점을 견학하면서 이용업의 성장 가능성을 직접 확인시켜드렸고, 고등학교 및 대학교에서 초청 강의를 진행하면서 학생들이 이용업 분야로 진로를 선택할 수 있도록 길을 열어주었다. 다방면에서 이용업의 발전을 위해 애쓰면서 대한민국이용장회 단체의 설립

필요성을 절감하게 되었다.

2005년 11월, 기능장 몇 분과 해당 사안을 협의하였고 다른 관계자들을 설득해 같은 해 12월 19일에 이용장회를 출범시킬 수 있었다. 처음에는 20여명의 회원으로 시작된 이용장회는 현재 '대한민국 이용장 중앙회'라는 명칭으로 700여명이 넘는 회원분들이 적극적으로 활동하고 계시며, 기존 년 1회 개최되었던 이용장 시험제도를 년 2회로 변경시키는 성과를 내었다. 그러나 이용업이 현실적으로 발전하기 위해서는 나에게도 단체를 이끌고 성장시킬 힘이 필요했다. 40세의 나이에 대한민국 이용장 중앙회 회장에 출마하였지만 22표라는 아까운 표차로 떨어지고 말았다. 그러나 나의 노력과 열정을 알아주는 이들이 더 많아지고 있음을 깨달았기에 낙심하지 않았다. 다른 이들은 나를 두고 가난을 딛고 일어나 프랜차이즈의 대표이자, 다방면에서 자신의 전문성과 실력을 인정받는 자수성가형 인물이라 지칭한다. 그러나 나는 개인의 성공이 아닌 모든 이용업계 종사자의 성공은 물론 이용업의 성공을 꿈꾸고 있다. 그리고 이용업이 인기업종이 되어 과거의 영광을 다시 되찾을 수 있다고 믿는다. 이 믿음이 이용기술의 개발 및 보급과 실력 있는 후진 양성에 매진하게 만드는 토대가 되어주고 있다.

3. 이용인 김성철의 꿈과 당부

내가 명장이 된 것은 많은 이용인 선배님들께서 도와주고 밀어주셨기 때문이다. 그것은 낙후된 이용업을 다시 일으켜 세우라는 임무를 준 것이라고 생각한다. 내가 성선생님의 유지를 받들어 지금에 이른 것처럼 전국의 이용인과 이용인을 꿈꾸는 젊은 인재들이 나를 롤 모델 삼아 이용업의 발전에 대한 희망과 열정을 품기를 희망한다. 젊은 인재들이 나와 선배 이용인들의 뜻을 이해하고 존중해 우리를 뛰어넘는 훌륭한 기능인으로 성장하고 이용업의 발전을 위해 전진해주길 바라는 마음으로 책을 집필하게 되었다.

이 교재의 특징

1. NCS국가직무능력표준에 맞추어 남성커트를 중점적으로 수록하였다.

2. 이용·미용자격증을 취득한 자가 현장에 근무하기 위해서는 꼭 필독을 해야 한다.

3. 살롱현장 중심의 이발(남성커트) 위주로 수록하였다.

4. 대한민국 명장이 직접 집필한 교재이다.

　자격증을 취득한 후 재교육이나 현장실무에서 일하는 이·미용사들에게 이 교재가 도움이 되길 바라며, 유능한 프로헤어디자이너가 되어 세계적으로 이름을 떨칠 수 있기를 바란다.

　이 책이 발행되기까지 기획, 편집, 제작 등에 힘써주신 크라운출판사 이상원 대표님과 임직원분들께 감사드리며, 이 책이 나오기까지 여러 가지로 도움을 주신 쎄아떼이용미용전문학원 임직원 여러분께도 감사의 인사 말씀을 드린다.

저자　대한민국 명장

김성철 드림

차례

차례

Part 01

기본 이발
(남성커트)

Chapter 01

기초이론(Basics Theory)

1 두상 포인트(Head Point)

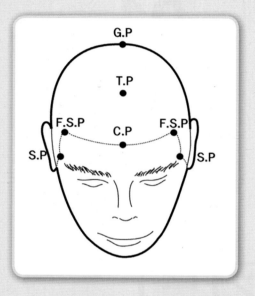

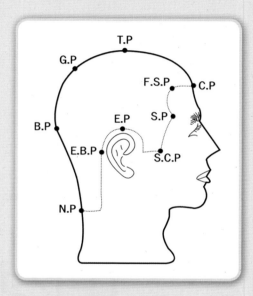

1	E. P.	Ear Point(이어 포인트)
2	C. P.	Center Point(센터 포인트)
3	T. P.	Top Point(탑 포인트)
4	G. P.	Golden Point(골든 포인트)
5	B. P.	Back Point(백 포인트)
6	N. P.	Nape Point(네이프 포인트)
7	F. S. P.	Front Side Point(프론트 사이드 포인트)
8	S. P.	Side Point(사이드 포인트)
9	S. C. P.	Side Corner Point(사이드 코너 포인트)
10	E. B. P.	Ear Back Point(이어 백 포인트)
11	N. S. P.	Nape Side Point(네이프 사이드 포인트)
12	C. T. M. P.	Center Top Medium Point(센터 탑 미디엄 포인트)
13	T. G. M. P.	Top Golden Medium Point(탑 골든 미디엄 포인트)
14	G. B. M. P.	Golden Back Medium Point(골든 백 미디엄 포인트)
15	B. N. M. P.	Back Nape Medium Point(백 네이프 미디엄 포인트)

2 두상 부분 나누기(Head Section Division)

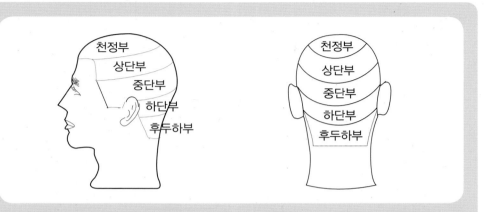

1 천정부(天頂部) : F.S.P와 G.P를 이은 선 안쪽 영역으로 윗머리의 길이, 층, 볼륨을 표현한다.

2 상단부(上段部) : 측면의 F.S.P와 S.P, 뒷면의 G.P와 G.B.M.P를 연결한 영역으로 층, 볼륨을 표현한다.

3 중단부(中段部) : 측면의 S.P와 E.P, 뒷면의 G.B.M.P와 B.P의 중간 영역으로 무게감을 표현한다.

4 하단부(下段部) : E.P와 B.P 하단의 영역으로 숏 커트(Short Cut) 시 경계선을 연결한다.

5 후두하부(後頭下部) : B.N.M.P 영역으로 그라데이션을 표현하거나 아웃라인(Out Line)의 질감 및 무게감을 표현한다.

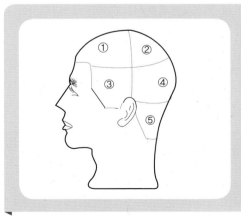

① : 전두부(前頭部, Top)

② : 두정부(頭頂部, Crown)

③ : 측두부(側頭部, Side)

④ : 후두부(後頭部, Back)

⑤ : 후경부(後慶部, Nape)

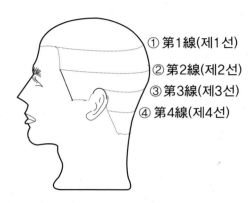

① 第1線(제1선)
② 第2線(제2선)
③ 第3線(제3선)
④ 第4線(제4선)

1 第1線(제1선, Crest) : F.S.P와 G.P를 연결한 수평선

2 第2線(제2선) : S.P와 G.B.M.P를 연결한 수평선

3 第3線(제3선) : E.P, 뒷면의 B.P를 연결한 수평선

4 第4線(제4선) : 귀 중간을 지점을 기준으로하여 수평선

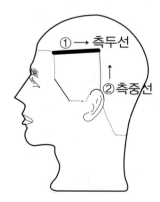

① → 측두선
② 측중선

1 측두선(側頭線) : F.S.P에서 수평으로 측중선까지 만나는 연결선

2 측중선:(側中線) : E.P에서 수직으로 측두선을 만나는 연결선

4 각도

1 자연시술각 : 중력에 의해 형성되는 각도로 주로 원랭스 커트 시 사용한다.

2 일반시술각 : 모발이 두상으로부터 펼쳐진 각도이다.

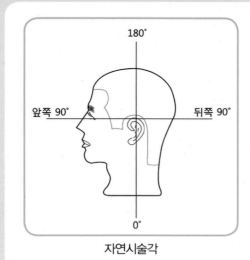

자연시술각

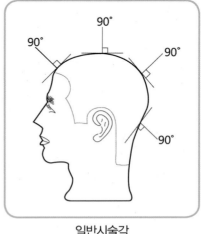

일반시술각

5 베이스

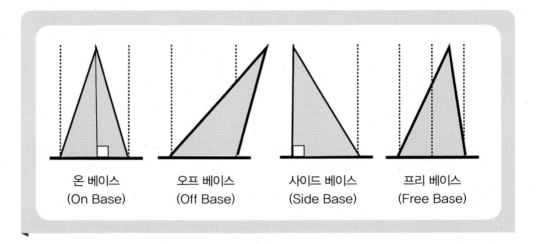

| 온 베이스 | 오프 베이스 | 사이드 베이스 | 프리 베이스 |
| (On Base) | (Off Base) | (Side Base) | (Free Base) |

1

솔리드형
(Solid Form)

모든 모발 길이가 동일선상에서
존재하는 원랭스 패턴의 구조도
로, 하나의 덩어리 모양을 이룬다.

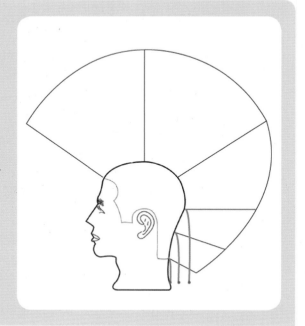

2

유니폼 레이어드형
(Uniform Layered)

모발 길이가 전체적으로 동일한
구조도로 두상 곡면에 따라 둥근
모양을 이룬다.

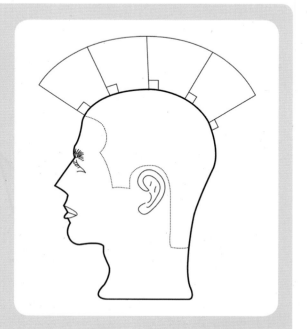

③

인크리스 레이어드
(Increase Layered)

내측에서 외측으로 갈수록 모발
의 길이가 길어지는 구조로 타원
형 모양을 이룬다.

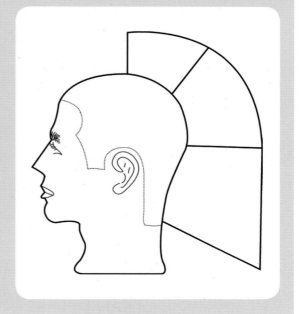

④

그래쥬에이션
(Graduation)

외측에서 내측으로 갈수록 모발
길이가 길어지는 구조로 삼각형
모양을 이룬다.

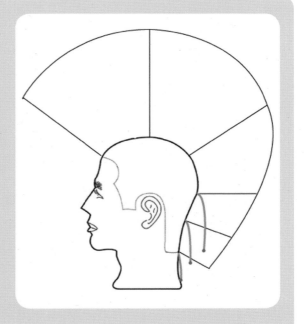

1

수평선
(Horizon Line)

모발을 커트할 때 바닥으로 향하게 하는 일직선이다.

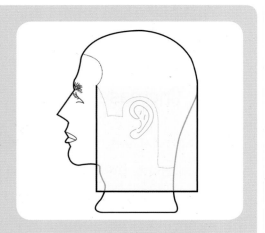

2

대각선
(Diagonal Line)

전대각

모발을 커트할 때 앞쪽으로 향하게 하는 대각선이다.

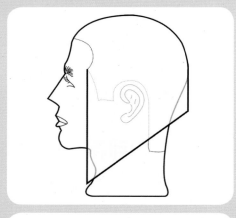

후대각

모발을 커트할 때 모발이 얼굴에서 멀어져 가면서 뒤쪽으로 향하게 하는 대각선이다.

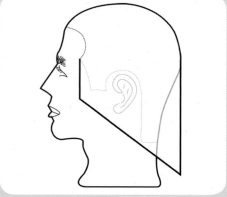

3

컨케이브
(Concave Line)

두상의 후두부에서 볼 때 오목형으로
역 아치형 라인을 말한다.

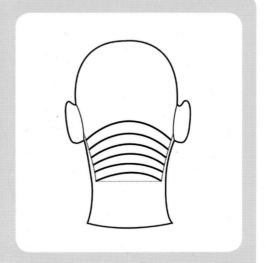

4

컨백스
(Convex Line)

두상의 후두부에서 볼 때 볼록형으로
아치형 라인을 말한다.

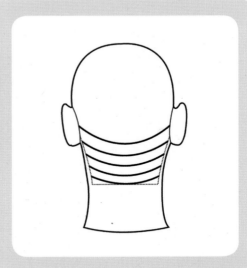

1

자연분배

자연시술각 0°로 빗질한다.

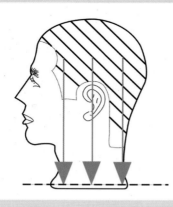
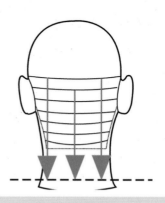

2

직각분배

파팅에 대해 직각으로 빗질한다.

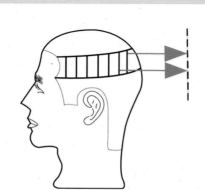
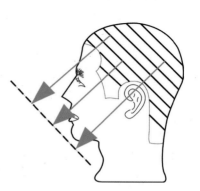

③

변이분배

자연분배, 직각분배, 방향분배를 제외한 모든 빗질이다.

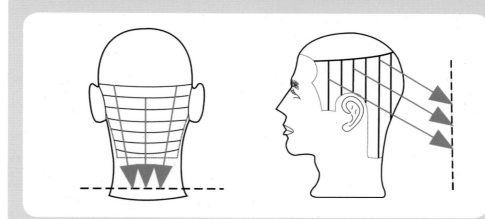

④

방향분배

어느 한 면을 정점(위로 똑바로, 옆으로 똑바로, 뒤로 똑바로)으로 모든 머리카락을 빗질하는 방법이다.

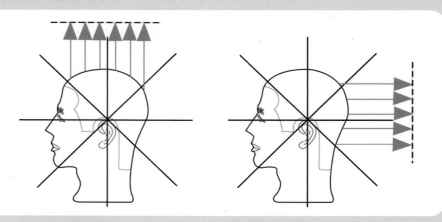

Chapter 02

싱글링 베이직(Shingling basic)

1 이용도구의 명칭

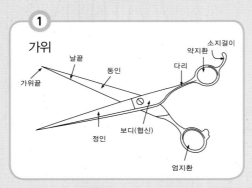

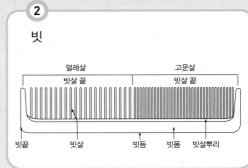

2 이용도구의 명칭

1 약지환을 약지 2관절 바깥쪽에 두고, 소지는 소지걸이에 걸쳐 가위의 몸체가 검지 1관절에서 2관절 사이에 사선으로 위치하도록 만든다. 그리고 엄지환에 엄지를 넣는다.

2 검지와 중지는 가위를 감싸듯 안으로 구부리고, 가위의 날은 시술자의 가슴과 평행이 되게 위치시킨다.

3 ~ 4
가위 동날의 개폐 각도를 45° 이상 벌려 가위질한다.

③ 빗 잡는 법

1 **1번 빗 잡는 법**

엄지와 검지로 빗 손잡이 면의 앞 뒤쪽을 잡는다.

2 **2번 빗 잡는 법**

엄지와 검지를 빗의 빗등과 빗살 쪽에 위치하여 막대기 쥐듯이 잡는다.

3 **3번 빗 잡는 법**

검지와 중지 사이에 빗을 끼워 잡는다.

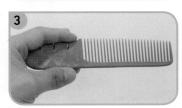

④ 가위와 빗의 위치

1 **그라데이션 기법** : 1번 빗 잡는 법으로, 빗살 끝을 시술자 방향으로 향하여 잡는다. 빗의 한 면에 걸쳐진 머리카락을 자른다.

2 **레이어 기법** : 2번 빗 잡는 법으로, 빗등을 시술자 본인 쪽 방향으로 향하여 잡는다. 빗등에 걸쳐진 머리카락을 자른다.

3 **명암처리 기법** : 빗살 끝에 걸쳐진 머리카락을 가위 끝으로 자른다.

5 커트하는 자세

- 양 발은 어깨너비만큼 11자로 벌린다.

- 팔은 가슴높이에서 양 팔을 쭉 편 다음 팔꿈치를 살짝 구부려 긴 마름모꼴을 유지한다.

Chapter 03

지간잡기 베이직
(Deformation Seizing Basic)

1 **지간 가위 잡는 법**

기본가위 잡는 법에서 소지(새끼손가락)로 소지걸이를 끌어당겨 검지손가락 끝이 협신
에 가도록 잡는다. 이때 검지를 제외한 손가락은 구부러져 있어야 한다.

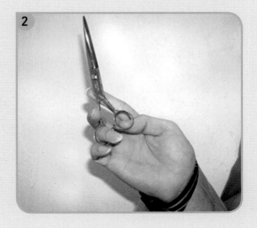

1 ~ **2**

빗은 검지와 중지 사이에 끼워 중지를 구부려 빗을 잡는다.

3 장가위는 지간잡기로 잡고, 장가위 정인의 끝 쪽에 왼손 엄지를 대고 검지는 두피 지면에 대고 밀어깎기로 자른다.

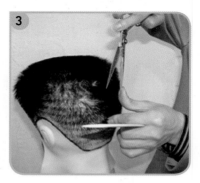

4 오른쪽 사이드 귀 주변을 지나갈 때에는 왼손 검지로 귀를 누르고 밀어깎기한다.

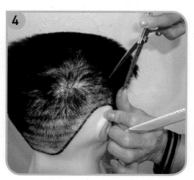

5 짧은 머리카락을 밀어깎기할 때에는 왼손 엄지를 장가위 정인에 대고 나머지 손가락들은 구부려서 두피 지면에 대고 밀어깎기한다.

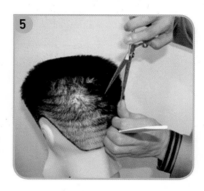

3 싱글링 테크닉

1 떠내려깎기

긴 머리카락을 자를 때 빗 또는 가위
로 모발을 떠내어 깎는 기법이다. 상
단부에서 하단부를 향해 운행하며
주로 형태를 만들 때 사용한다.

2 떠올려깎기

떠내려깎기와 같이 빗 또는 가위로
모발을 떠내어 깎는 기법 중 하나로,
하단부에서 상단부를 향해 운행한
다. 주로 모발의 길이를 연결하거나
다듬어 줄 때 사용한다.

3 연속깎기

떠올려깎기와 같이 하단부에서 상단부를 향해
운행하며, 빗과 가위를 연속으로 운행하면서
깎는 기법으로 떠올려깎기보다 짧은 두발 길이
에 사용한다.

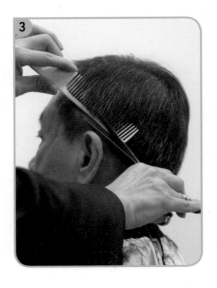

1 ① : C.P에서 G.P까지의 영역으로 약 7~8cm
의 폭이다.

② : ①번 영역을 가이드로 오른쪽 F.S.P까
지이다.

③ : ①번 영역을 가이드로 왼쪽 F.S.P까지
이다.

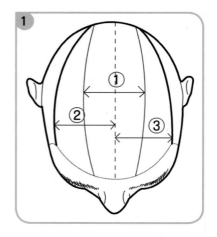

2 ④ : 우측면 F.S.P에서 S.P, 뒷면의 G.P와
B.P 좌측면의 F.S.P와 S.P까지이다.

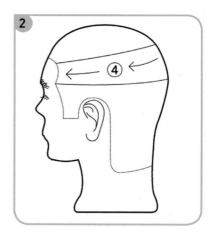

3 ⑤ : 좌측면 E.P에서 E.B.P까지이다.

⑥ : 좌측면 E.P에서 얼굴 쪽 영역이다.

⑦ : 좌측면 E.B.P에서 N.S.P까지이다.

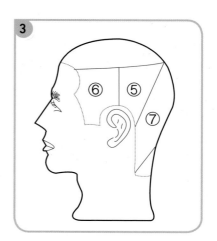

4 ⑧ : 뒷면 중앙 영역이다.

⑨ : 뒷면 중앙 영역을 가이드로 왼쪽 영역
이다.

⑩ : 뒷면 중앙 영역을 가이드로 오른쪽 영역
이다.

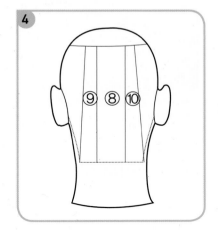

5 ⑪ : 우측면 E.P에서 E.B.P까지이다.

⑫ : 우측면 E.B.P에서 N.S.P까지이다.

⑬ : 우측면 E.P에서 얼굴 쪽 영역이다.

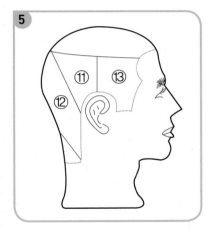

Chapter 04

클리퍼 베이직
(Hair Clippers Basic)

① 클리퍼 잡는 법

① 프리 잡는 법 1

엄지를 버튼 위에 올려놓고 나머지 4개의 손
가락을 펴서 클리퍼의 뒷부분을 잡는다.

② 프리 잡는 법 2

엄지를 측면 45°에 얹고 손바
닥 쪽에 클리퍼를 꽉 잡지 않
고 공간을 두어 손목이 움직이
기 편하도록 잡는다.

③ 펜슬 잡는 법

클리퍼를 연필 잡듯이 잡는다.

2 클리퍼 올리기 방법 및 순서

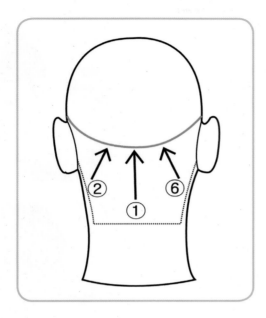

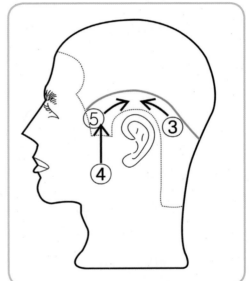

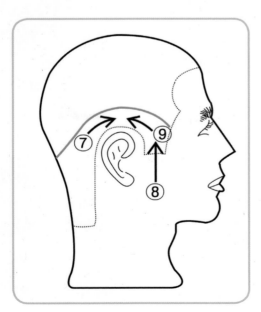

3 면치는 공식

1 1단계

1번 빗 잡는 법으로 선 또는 형태를 만든다.

2 2단계

클리퍼 3㎜ 또는 1㎜를 이용하여 끌어올리기 기법 또는 터치 기법으로 그라데이션 커트한다.

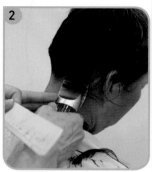

3 3단계

빗은 3번 빗 잡는 방법으로 잡고, 클리퍼는 1㎜로 하여 빗살 면에 클리퍼를 수평으로 올려놓고 점차적으로 들어 올리면서 그라데이션 커트한다.

4 4단계

1번 빗 잡는 법 또는 2번 빗 잡는 법으로 체크 커트한다.

Chapter 05

젠틀맨 숏 스타일
(Gentleman Short Hair Style)

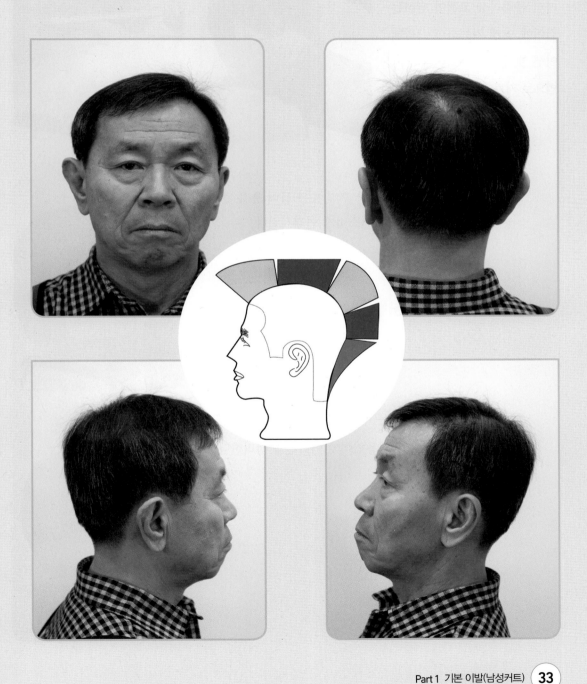

1 ~ 2

좌측면 중앙을 빗으로 섹션을 떠서 클리퍼로 고객이 원하는 길이에 맞게 가늠하여 그라데이션 빗각도로 떠내려깎기 기법으로 커트한다.

3 아웃라인 커트가 끝난 후 각도를 들어 층을 주며 4번 지간깎기와 자연스럽게 연결시킨다.

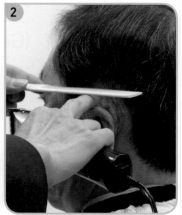

4 클리퍼 날 끝을 사용하여 이어라인을 정리한다.

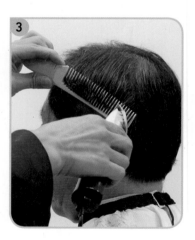

5 ~ 6

얼굴 쪽 라인은 후대각으로
체크 커트한다.

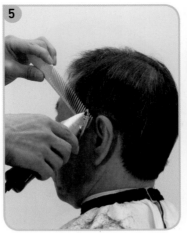

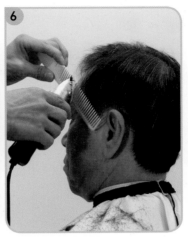

7 좌측면 중앙을 가이드로 좌측면 오른쪽을 그
라데이션 빗각도로 자른 후 이어라인을 정리
한다.

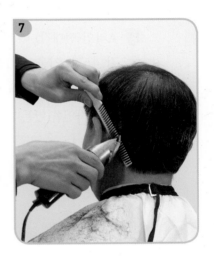

8 아웃라인 커트 후 다음 그림과 같은 방향으
로, 레이어 빗각도로 4번 지간깎기 영역까지
연결하여 체크 커트한다.

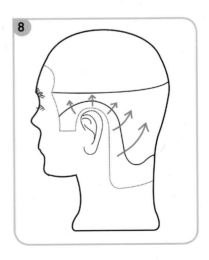

9 ~ 10

후두부 중앙은 B.P에서 N.P 까지 떠내려깎기로 형태를 만든 후 클리퍼를 두피 지면에 대고 3㎜로 끌어올려 그라데이션이 되도록 한다.

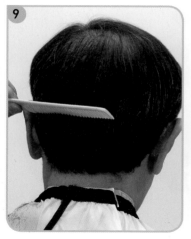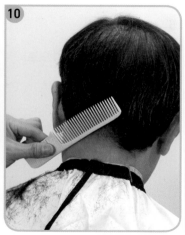

11 A라인(전대각) 커트 후, N.S.P에 빗을 후대각 45°로 기울여 각을 굴린다. 이때 각을 없애면서 4번 영역과 연결하여 U라인(후대각)의 디자인을 만든다.

12 아웃라인을 정리한다.

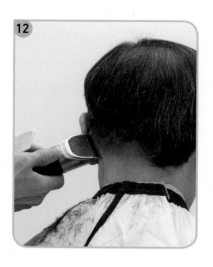

13 ~ 14

후두부의 우측도 귀 중간까
지 그라데이션 커트하고,
모서리를 굴려주며 U라인
의 디자인으로 4번 영역과
연결 커트한다.

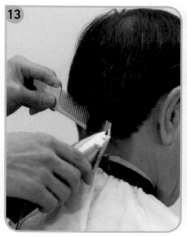

15 끌어올리기를 하다가 생긴 단차는 3번 빗 잡
는 법을 이용해서 명암처리한다.

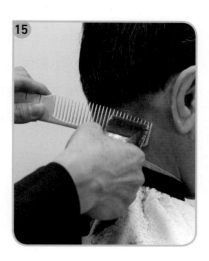

16 후두부 커트 후 우측면도 좌측면과 동일하게
그라데이션 빗각도로 자른 후 이어라인을 정
리한다.

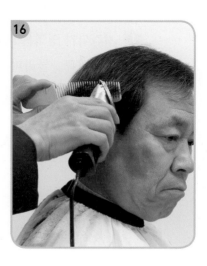

17 ~ 18

라인을 오려낸 후, 각도를 들어 4번 영역과 연결한다. 이때, 고객이 직모일 경우 레이어 빗각도가 좋고, 곱슬모일 경우 그라데이션 빗각도가 좋다.

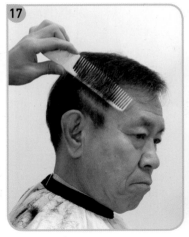
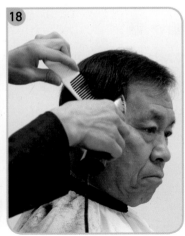

19 클리퍼 커트 후 틴닝가위로 연속깎기와 떠올려깎기, 떠내려깎기 기법을 사용하여 모발길이의 1/2 또는 2/3 테이퍼링한다.

20 지간깎기 영역은 머리숱이 많지 않기 때문에 제외하고, 클리퍼가 끝난 우측에서부터 시작하여 고객의 뒤를 돌아 좌측으로 이동하며 커트한다.

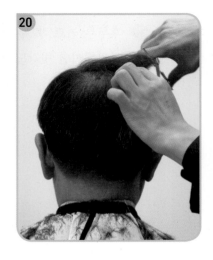

21 ~ 22

클리퍼 커트가 끝난 후 1~
4번 영역을 체크 커트한다.

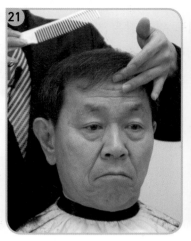
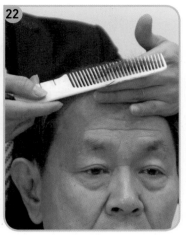

23 지간깎기 체크 후, 클리퍼 커트와 동일한 빗
기울기로 싱글링하여 더 섬세하게 커트한다.
이때 빗은 레이어 빗각도로 잡고, 모발을 빗
살 뿌리에 잘 세워서 걸치는 것이 중요하다.

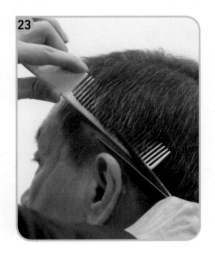

24 항상 싱글링이 끝난 면에 요철은 옆가위질로
마무리한다.

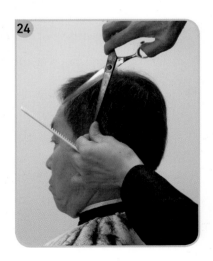

25 E.B.P 뒤쪽 영역도 위와 같은 방법으로 싱글링을 하는데, 머리카락이 짧은 부분에서는 빗등을 낮춰서 커트 해야 한다.

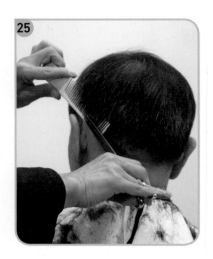

26 ~ 27

이어서 후두부에도 싱글링을 하는데, 귀 중간 위쪽 영역은 컨벡스 라인의 빗 기울기로 해주고 귀 중간 아래 영역은 컨케이브 라인으로 한다.

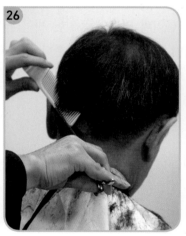

28 머리카락이 아주 짧은 네이프 영역에는 3번 빗 잡는 법으로 명암처리한다.

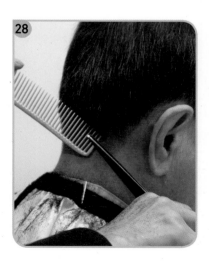

29 후두부에 이어서 반대쪽 우측면도 좌측면과 동일하게 싱글링한다.

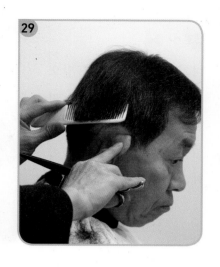

30 싱글링 후 장가위 동인 끝을 두피 지면에 대고 네이프 사이드라인을 깨끗하게 한다.

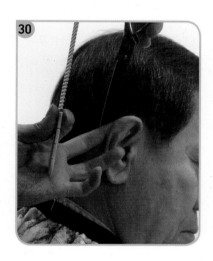

31 ~ 32

얼굴 쪽은 전대각의 기울기로 커트하고, 싱글링이 끝나면 옆가위질로 마무리한다.

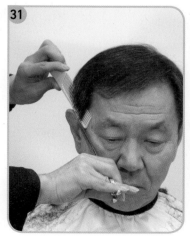

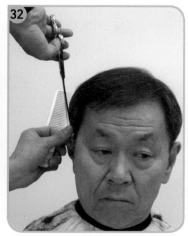

33 ~ 34

마지막으로 앞머리를 앞으로 빗어 머리카락이 눈을 찌르지 않도록 라인을 다듬고, 각도를 들어 자연스럽게 층을 준다.

35 커트가 끝난 후 눈썹클리퍼 및 트리머로 구레나룻과 솜털을 정리한다.

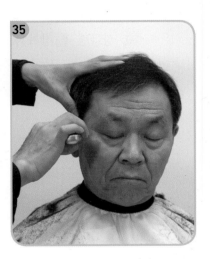

36 커트가 완성된 모습이다.

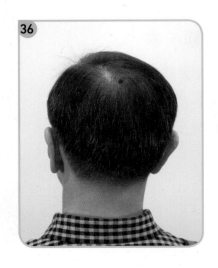

Chapter 06
상고 스타일
(Officer Style)

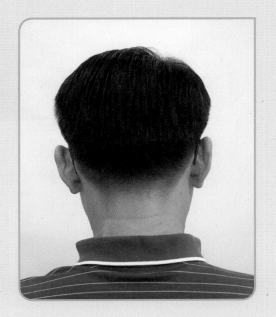

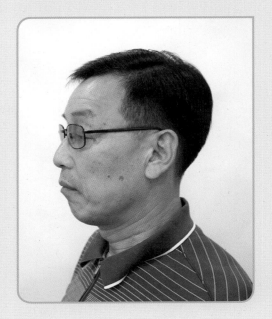

커트 순서

1 ~ 2

커트를 시작하기 전
모습이다.

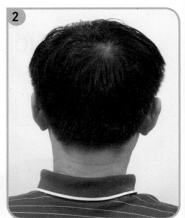

3 클리퍼 3㎜로 귀 중앙까지 끌어올리기 기법을
사용하여 커트한다.

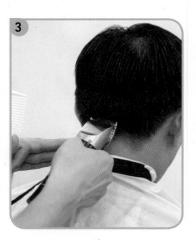

4 중앙커트 후 왼쪽으로 이동하며 컨백스 라인으
로 커트한다.

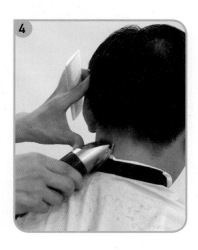

5 왼쪽으로 이동하다 귀가 걸리면 귀를 잡고 이어라인 돌리기를 하고, 구레나룻에서 S.P까지 후대각 디자인으로 커트한다.

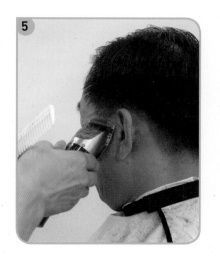

6 얼굴 쪽은 클리퍼 날 끝을 사용하여 S.P까지 긴 부분을 걷어내어 후대각으로 디자인한다.

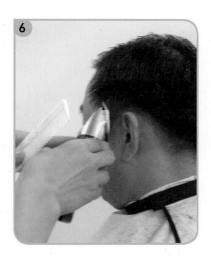

7 귀 주변의 미흡한 부분은 이어라인 돌리기로 커트한다.

8 다시 후두부 중앙부터 우측으로 이동하며 3㎜로 끌어올리기한다.

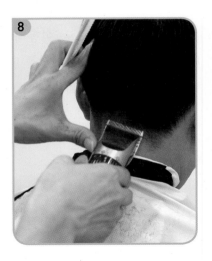

9 ~ 10

우측도 컨백스 라인의 디자인으로 끌어올리기하고, 귀가 닿으면 귀를 잡고 이어라인 돌리기로 커트한다.

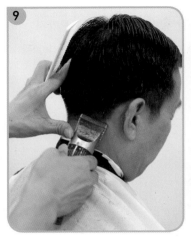

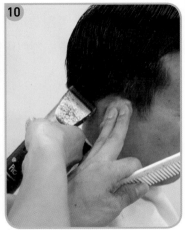

11 ~ 12

우측도 좌측과 동일하게 S.P까지 걷어내어 후대각으로 디자인하고, 터치 기법으로 미흡한 부분을 커트한다.

13 ~ 14

지간깎기 1번 영역인 전두부에서 두정부까지 지간깎기 기법으로 장가위를 사용하여 수평으로 자른다.

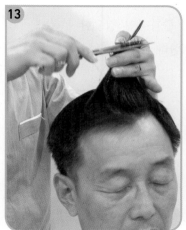

15 ~ 16

지간깎기 2번~3번 영역도 1번 영역의 가이드에 맞추어 수평으로 자른다.

17 지간깎기 4번 영역도 세로로 잡고 수직으로 자른다.

18 4번 영역 커트 시, 볼륨감이 필요한 부분에 레이어로 체크 커트한다.

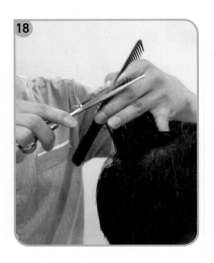

19 지간깎기가 끝난 후 클리퍼 1㎜로 좌측면부터 면치기 커트한다.

20 S.P의 후대각 라인 아래쪽은 그라데이션 커트하고, 무거운 부분에는 라인 위쪽에 레이어로 각도를 들어 층을 준다.

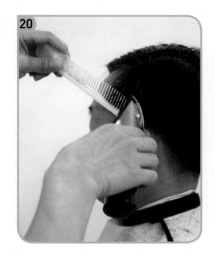

21 ~ 22

면치기 커트 후 구레나룻은 터치 기법으로, 귀 주변은 이어라인 돌리기로 아웃라인을 정리한다.

23 ~ 24

이어서 전에 잘랐던 가이드를 보고 우측으로 이동하며 동일한 방법으로 그라데이션 또는 레이어로 커트한다. 이때, E.P와 E.B.P 사이 영역이 너무 짧게 커트되지 않도록 클리퍼 날을 뒤집어 라인정리하며 주의한다.

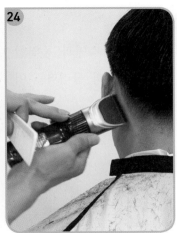

25 후두부 N.P~B.P는 좌측과 동일하게 컨백스 라인으로 그라데이션 커트하고, B.P 위쪽에 레이어로 커트하여 자연스럽게 층을 준다.

26 면치기 커트 후 아웃라인을 정리한다.

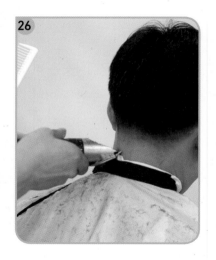

27 ~ 28

우측면도 좌측면과 동일한
방법으로 빗과 클리퍼를 이
용하여 자른다.

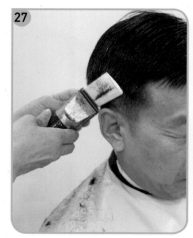 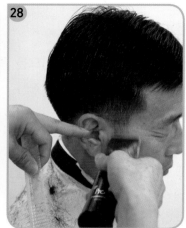

29 ~ 32 클리퍼 커트 후 지간깎기 1번~3번 영역까지는 틴닝가위로 1/3 지점에서 붓 끝처럼
자연스럽게 엔드 테이퍼링한다.

33 ~ 34

1~3번 영역은 지간깎기로 질감처리를 한 후, 아래쪽은 연속깎기와 떠올려깎기 기법을 사용하여 테이퍼링한다. 빗은 길이커트와 마찬가지로 후대각으로 기울여 모발 끝의 1/3 지점에서부터 엔드 테이퍼링한다.

35 좌측면 → 뒷면 → 우측면으로 이동하며, 동일한 방법으로 테이퍼링한다.

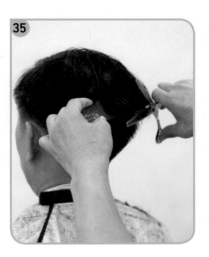

36 전체적으로 테이퍼링이 끝난 후, 앞머리를 체크 커트한다.

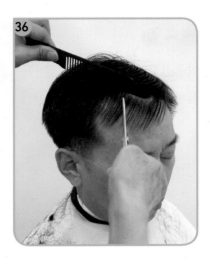

37 질감처리가 끝난 후 장가위로 싱글링하여 각이 생긴 부분을 자연스럽게 굴린다.

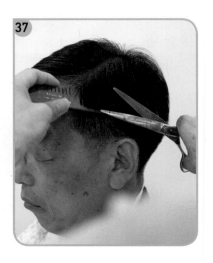

38 싱글링 후 장가위를 사선으로 세워 왼쪽 옆면에 튀어나온 머리카락을 밀어깎기 기법으로 자른다.

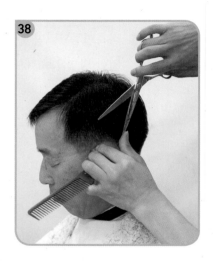

39 ~ 40

아웃라인도 잔머리 없이 깔끔하게 커트한다.

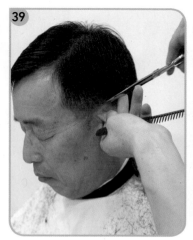

41 ～ 42

머리길이가 짧은 아래쪽은
3번 빗 잡는 법으로, 위쪽은
레이어 빗각도로 다듬는다.

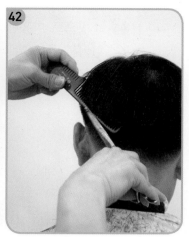

43 ～ 44

우측면도 좌측면과 동일하
게 각이 생긴 부분에 레이
어로 싱글링하여 자연스럽
게 굴려주고, 옆가위질로
마무리한다.

45 대빗으로 전체적으로 싱글링 후, 네이프라인
에 단차가 생긴 부분은 소빗을 사용하여 3번
빗 잡는 법으로 커트하여 단차를 없앤다.

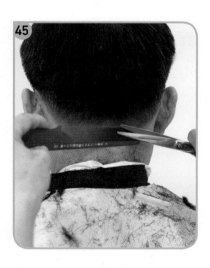

46 소빗으로 미흡한 경우에 찔러깎기로 명암의 단차를 없앤다.

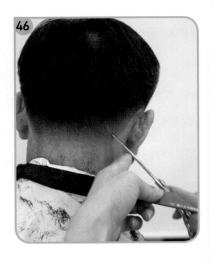

47 ～ **50**

커트가 끝난 후 트리머로 솜털을 다듬는다.

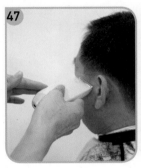 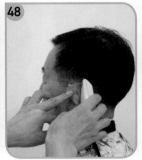  

51 ～ **52**

커트가 완성된 모습이다.

 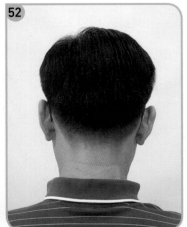

Chapter 07

유니폼 상고 스타일
(Uniform Officer Style)

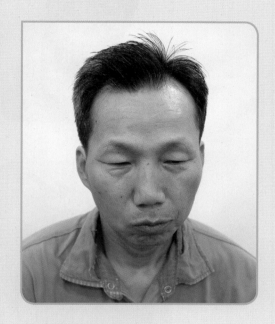

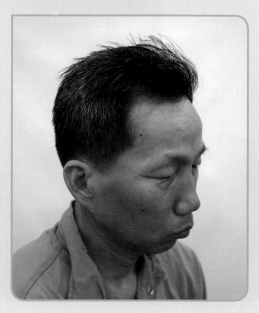

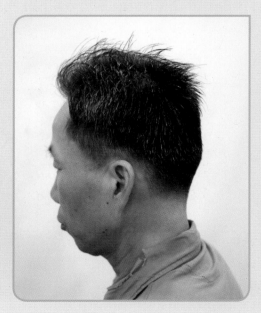

1 커트를 하기 전 모습이다. 장발의 상태에서 시작하기 때문에 1~4번 영역 지간깎기부터 한다.

2 T.P에서 길이 가이드를 설정한다.

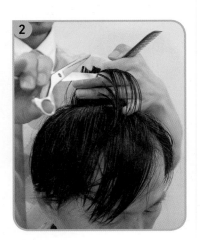

3 ~ **4**

1~3번 영역도 가이드에 맞추어 두상 90°로 커트한다.

5 4번 영역도 레이어(두상 90°)로 커트한다.

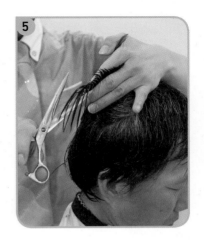

6 G.B.M.P에서 B.P의 사이 영역은 한 번 더 잡
아서 스퀘어로 커트한다.

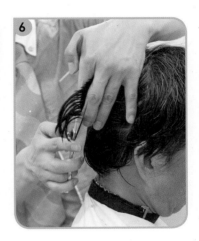

7 지간깎기 후 좌측면부터 클리퍼로 커트한다.
먼저 S.P에서 후대각으로 라인을 만든다.

8 라인보다 긴 머리를 그라데이션 각도로 커트
한다.

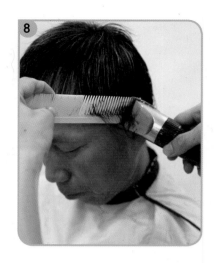

9 ~ 10

귀 주변은 귀를 왼손으로
잡고 이어라인 돌리기 기법
으로 아웃라인을 정리한다.

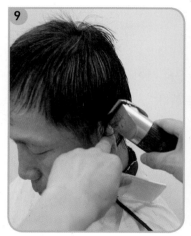

11 구레나룻 부분은 클리퍼 조절기를 3㎜에 놓
고 그라데이션으로 끌어올린다.

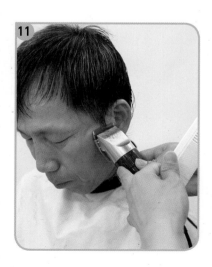

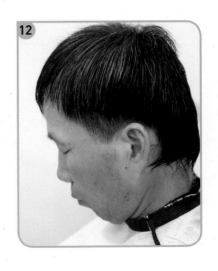

12 좌측면 커트가 완성된 모습이다.

13 ~ 14

후두부는 중앙에서부터 그
라데이션 빗각도로, 귀 중
간 지점에서 귀 상단을 향하
는 컨백스 라인을 만든다.

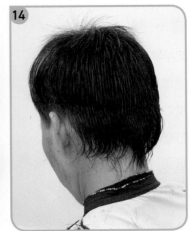

15 후대각 라인을 만든 후, 라인 아래의 긴 머리
를 그라데이션 빗각도로 커트한다.

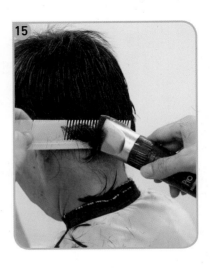

16 클리퍼 3mm로 후두부 중앙을 그라데이션으로 끌어올린다.

17 ~ 18

후두부 왼쪽을 중앙에 맞춰 정리 후 다시 그라데이션 빗각도로 체크 커트한다. 이때 단차가 생긴 부분은 3번 빗 잡는 법으로 명암처리한다.

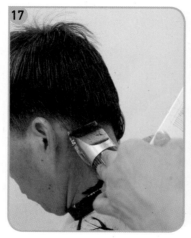
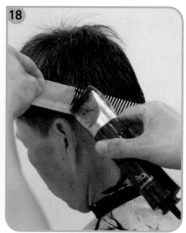

19 중앙에서 왼쪽으로 이동하면서 커트 후 오른쪽도 동일하게 먼저 U라인(후대각)을 만든다.

20 라인을 만든 후 긴 머리를 커트해서 걷어낸 다음, 클리퍼 조절기를 3㎜에 놓고 그라데이 션으로 끌어올린다.

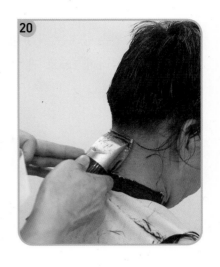

21 우측면도 좌측면과 동일하게 S.P에서 후대 각으로 라인을 만든다.

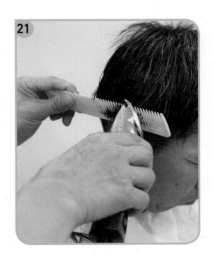

22 구레나룻을 클리퍼 3㎜로 끌어올린 후 그라 데이션 빗각도로 후대각 라인과 연결 커트 한다.

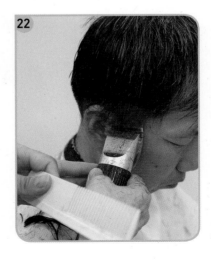

23 왼손 중지는 귀가 다치지 않도록 귀를 누르고 클리퍼 1㎜로 귀 주변 라인을 깨끗하게 돌려 깎는다.

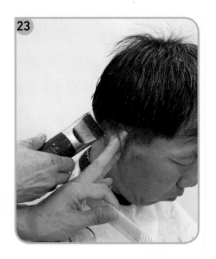

24 라인 정리 후 체크 커트한다.

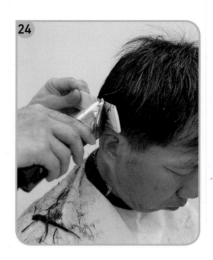

25 ~ 26

길이 커트가 끝난 후, 천정부를 떠내려깎기한다.

27 ～ **28**

지간깎기 영역 커트가 끝난 후, 틴닝가위로 연속깎기 및 떠올려깎기 기법으로 아래 영
역의 숱을 정리한다.

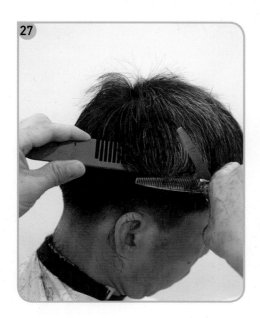

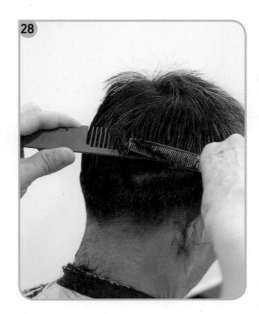

Chapter 08
둥근 스포츠 스타일
(Round Brosse Style)

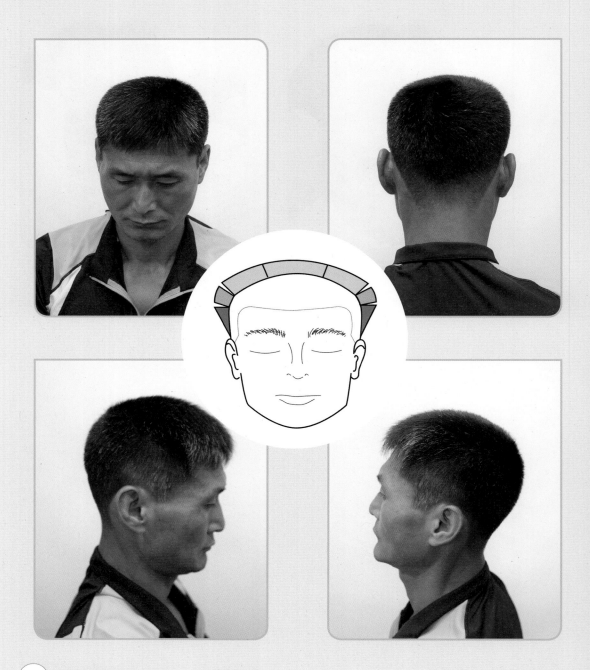

커트 순서

1 커트를 하기 전의 모습이다.

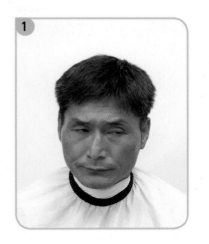

2 클리퍼 3mm로 네이프 중앙 부분부터 터치기법으로 귀 중간까지 끌어올리기한다.

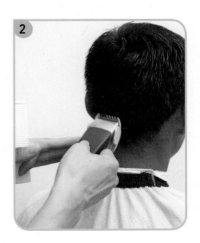

3 ~ **4**

후두부 중앙에서 좌측으로 이동하며 귀 상단을 향해 컨백스 라인으로 끌어올리기한다.

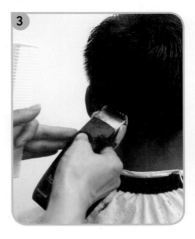
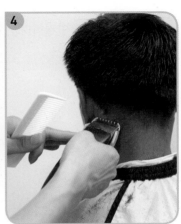

5 컨백스 라인으로 끌어올리다 귀가 닿으면, 귀를 잡고 이어라인 돌리기한다.

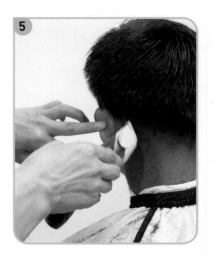

6 구레나룻은 귀 상단까지 수평으로 끌어올린 후, 이어라인 돌리기로 연결한다.

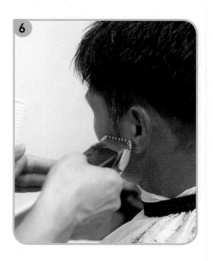

7 미흡한 부분이 있으면 터치 기법으로 자연스럽게 연결한다.

8 ~ **10** 후두부 오른쪽도 컨백스 라인에 맞춰, 클리퍼 3㎜로 끌어올리기한다.

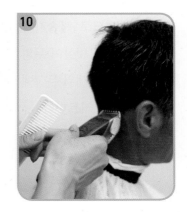

11 ~ **12**

U라인으로 끌어올리다가
귀를 잡고 이어라인 돌리
기한다. 구레나룻은 귀 상
단까지 수평으로 끌어올린
후, 이어라인 돌리기로 연
결한다.

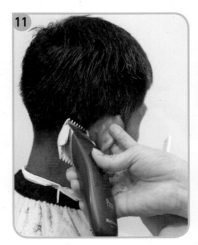

13 ~ **14**

3㎜로 끌어올리기 후, 우전
방 15~45° 사이 위치에 서
서 중앙을 커트한다. 이때
고객의 머리가 많이 자라있
었기 때문에 T.P에서 가이
드를 설정하여 떠내려깎기
로 커트한다.

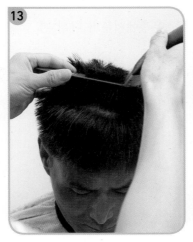
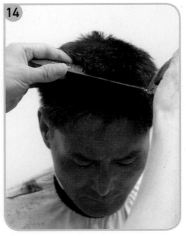

15 ~ 16

중앙을 가이드로 시술자가
서 있는 쪽부터 빗살이 두피
에 닿고 빗등을 세워 두상에
맞춰 라운드로 커트한다.

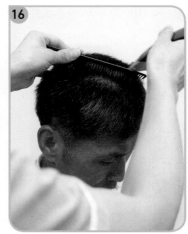

17 ~ 18

시술자 본인이 서 있는 반
대쪽도 중앙을 가이드로 두
상에 맞춰 라운드로 커트한
다. 이때 고객의 앞으로 몸
을 이동할 수 없기 때문에,
빗은 갈 수 있는 만큼만 이
동한다.

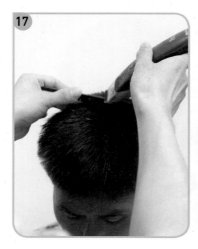
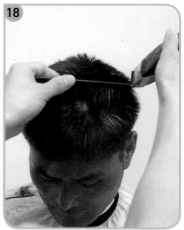

19 천정부 영역 커트 후, 우측에서부터 다시 한
번 커트 영역을 다듬는다.

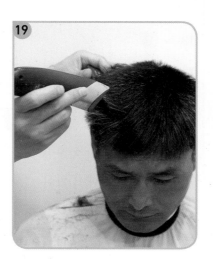

20 빗 각도는 이전과 동일한 방법으로 측두선의
머리카락을 빗등에 걸쳐 시작한다.

21 ~ 22

크레스트 라인 인테리어 영
역은 F.S.P → G.P →
F.S.P 순으로 다듬는다.

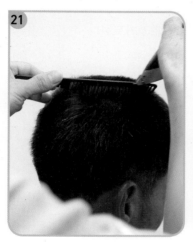

✋ 참고

둥근 스포츠 : 1~4번 영역 진행방향

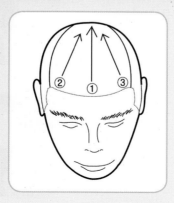

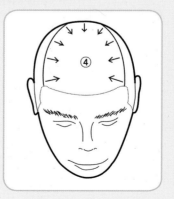

23 ~ 24

천정부 영역 커트 후, 3mm로 끌어올리기했던 영역과 천정부 영역을 면치기 커트로 연결한다. 이때, 빗 각도는 아래서부터 그라데이션 → 스퀘어 → 레이어 순으로 한다.

25 얼굴 쪽은 후대각으로 체크 커트한다.

26 구레나룻은 클리퍼를 뒤집어 깔끔하게 정리한 후 터치 기법으로 그라데이션 처리한다.

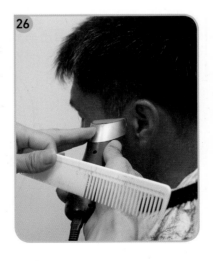

27 이어라인도 1㎜로 깔끔하게 다시 정리한다.

28 한쪽 면의 커트가 끝난 후 레이어로 체크 커트한다.

29 ~ 30

레이어로 체크 커트 시 빗은 둥근 두상을 따라 굴려주며, 클리퍼는 빗살 뿌리에 걸쳐진 머리카락만 자를 수 있도록 각도를 잘 조절해야 한다.

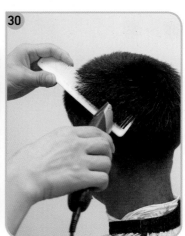

31 ~ 32

후두부는 3㎜로 끌어올린
영역과 천정부 영역을 면치
기 기법으로 중앙으로 커트
한다.

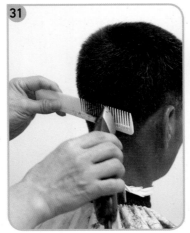

33 ~ 34

후두부 중앙 길이를 가이드
로 좌측으로 이동하며 면치
기 기법으로 커트한다.

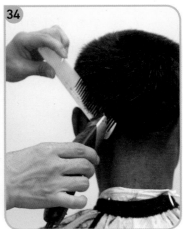

35 ~ 36

면치기 커트 후 네이프의
아웃라인을 터치 기법으로
정리한다.

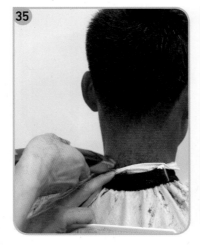
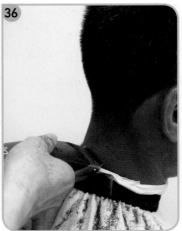

37 네이프 사이드 라인은 클리퍼를 뒤집어서 아웃라인을 깔끔하게 정리한다.

38 아웃라인 정리 시 명암의 단차가 생긴 부분을 명암처리기법으로 없앤다.

39 ~ 40

우측면도 동일하게 3㎜로 끌어올린 지점과 천정부 영역을 면치기 커트로 연결한다.

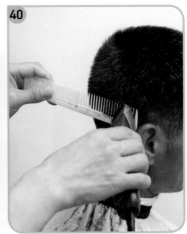

41 오른쪽 사이드는 빗을 사선으로 한 면치기 방법 중 1번 빗 잡는 법으로 잡고 클리퍼로 자른 후 후대각으로 체크 커트한다.

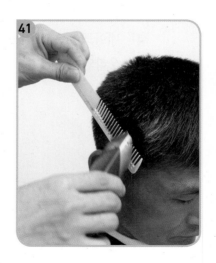

42 1mm로 아웃라인을 다시 정리하고, 아웃라인 정리 후 생긴 단차는 3번 빗 잡는 법으로 없앤다.

43 ~ 46

면치기 공식의 커트가 끝난 후, 천정부 영역과 면치기 공식 커트 영역이 만나는 지점에 생긴 각을 레이어 빗각도로 자연스럽게 굴린다.

 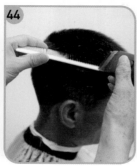  

47 ~ 48

클리퍼 커트 후 틴닝가위로 엔드 테이퍼링하여 모발 끝을 자연스럽게 한다.

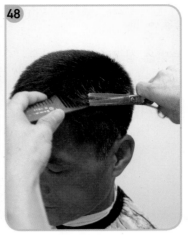

49 ~ 50

시술자의 위치는 좌전방에서 시작하여 고객의 뒤를 한 바퀴 돌아 우전방에서 끝낸다.

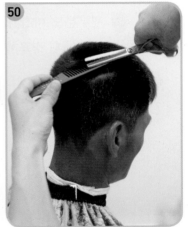

51 ~ 52

틴닝가위로 다듬기가 끝난 후 장가위로 싱글링하여 더 정교하게 커트한다. 순서는 틴닝가위와 동일하게 천정부부터 커트한다.

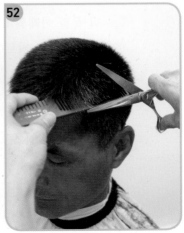

53 ~ 54

측면을 싱글링할 때, 아웃
라인도 다시 한 번 깔끔하
게 정리한다.

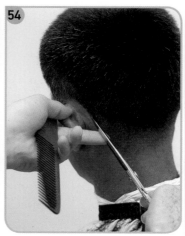

55 뒷부분도 마찬가지로 레이어 빗각도로 싱글
링하여 더 정교하게 마무리한다.

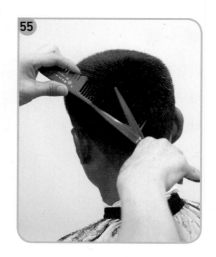

56 귀 중간 아래의 그라데이션 부분에는 3번 빗
잡는 법으로 커트한다.

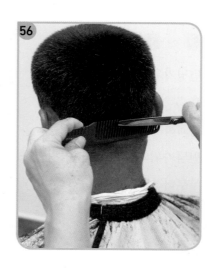

57 ~ 58

우측면도 좌측면과 동일하게 레이어 빗각도로 싱글링 후 아웃라인을 다시 정교하게 정리한다.

59 ~ 60

싱글링 커트 후 옆가위질로 마무리하고, 마지막으로 앞머리를 체크한다.

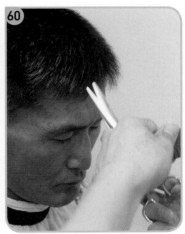

61 ~ 62

대빗으로 스타일의 형태를 정리한 후 소빗으로 명암처리를 더 섬세하게 한다.

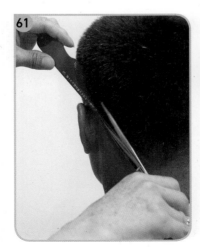
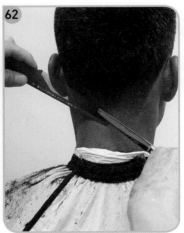

63 ~ 64

커트가 끝난 후 트리머로
솜털을 정리한다.

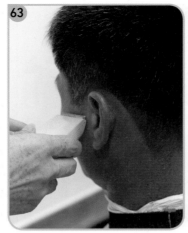 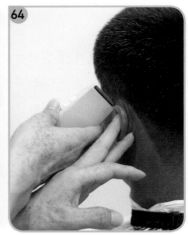

65 ~ 66

네이프 사이드라인을 정리
할 때, 목이 가늘어 보이지
않게 주의한다.

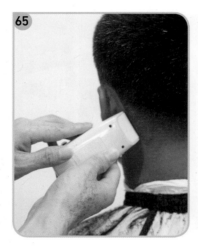 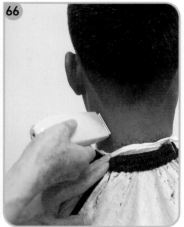

67 ~ 68

둥근 스포츠의 완성 모습
이다.

 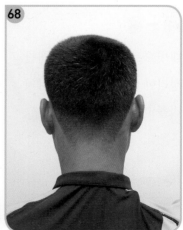

Chapter 09

반삭발 스타일
(Half Tonsure Style)

Before

 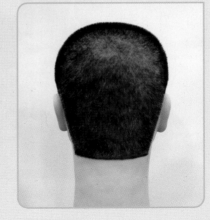

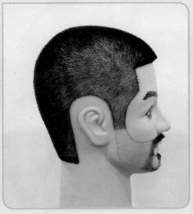 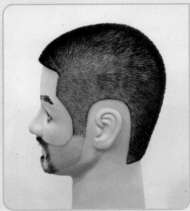

커트 순서

1 ~ 2

고객이 원하는 9㎜보다 3㎜ 길게 12㎜ 덧날로 C.P부터 시작하여 가마 쪽을 향해 밀어준다 (실수를 줄이기 위해서 3㎜를 길게 커트한다. 단, 단골 고객의 경우 3㎜를 길게 커트할 필요는 없다).

3 ~ 4

1번 영역에 이어 2번 영역도 12㎜로 밀어준다.

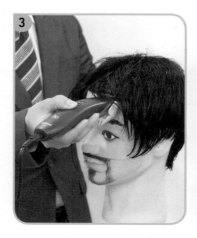

5 ~ 6

3번 영역도 동일하게 12㎜로 가마 쪽을 향해 밀어준다.

7 ~ 8

천정부 영역 커트 후, 좌측
부분도 12㎜로 가마 쪽을
향해 밀어준다.

9 후두부는 고객에 눈에 보이지 않으므로 제외
하고 반대쪽 측면도 동일하게 12㎜로 밀어
준다.

10 12㎜로 고객의 눈에 보이는 부분만 밀어 놓
은 모습이다(정확한 카운슬링을 위해 임의로
3㎜를 높여 커트한 것이기 때문에, 보이는 부
분만 커트한다).

11 ~ 12

정확한 카운슬링 후 다시 9mm로 1번 영역을 밀어준다(고객과 카운슬링 시, 길이가 괜찮다고 하면 남겨뒀던 뒷면만 12mm로 밀고 길다고 했을 때에는 전체적으로 다시 9mm로 커트한다).

13 ~ 14

2번 영역과 3번 영역도 9mm로 동일하게 밀어준다.

15 ~ 16

우측면도 9mm로 밀어준다.

17 ~ 18

우측면에 이어 후두부는 9㎜
로 밀어준다.

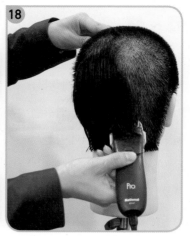

19 ~ 20

후두부에 이어 좌측면도
9㎜로 밀어주고, 가마방향
이 아닌 사방으로 방향을
바꿔 밀면서, 부족한 부분
을 체크 커트한다.

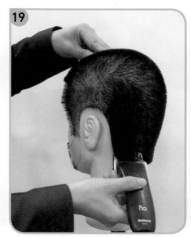

21 ~ 22

9㎜로 전체적으로 밀어놓
은 모습이다.

23 ~ 24

9mm 커트 후, B.P 아래 영역을 6mm로 깔끔하게 다듬어서 커트한 부분과 연결이 될 수 있도록 그라데이션으로 마무리 한다.

 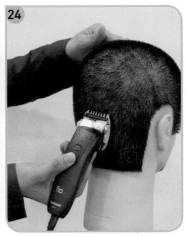

25 ~ 26

네이프 중앙 커트 후 컨백스 라인으로 연결하여 다듬는다.

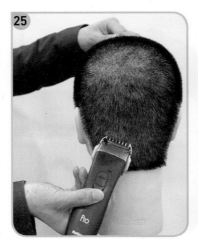 

27 ~ 28

좌측면과 우측면도 S.P아래 영역을 이어라인 돌리기와 끌어올리기 기법으로 위쪽 9mm 커트와 연결되도록 6mm로 커트한다.

29 ~ 30

6mm로 다듬은 후, 아웃라인 쪽에 잔머리를 3mm로 깔끔하게 다듬는다(머리카락이 자란 것처럼 자연스러운 라인이 나오도록 해야 한다).

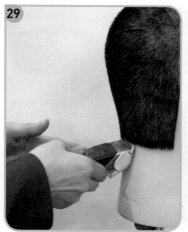

31 ~ 32

네이프 사이드라인과 이어라인도 3mm로 라인을 다듬는다.

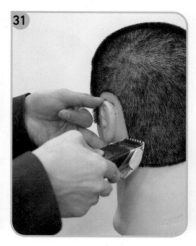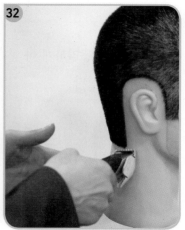

33 ~ 34

반대쪽 측면도 동일하게 3mm로 다듬는다.

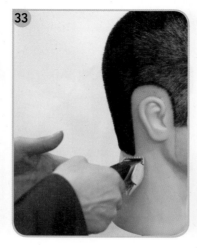

35 ~ 36

마지막으로 덧날을 뺀 후 아
웃라인을 더 깔끔하게 정리
한다. 네이프 사이드라인은
클리퍼를 뒤집어서 라인을
만든다.

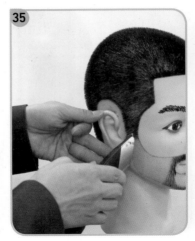 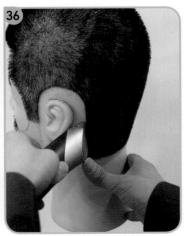

37 ~ 38

반대쪽 측면도 동일하게 아
웃라인을 정리한다.

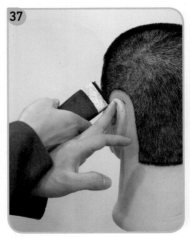 

39 ~ 40

클리퍼 커트 후, 장가위로
미흡한 부분을 싱글링하여
다듬는다.

41 아웃라인도 클리퍼로 커트하지 못한 부분을 더 정교하게 다듬는다.

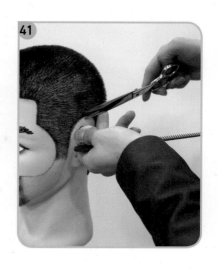

42 옆가위질로 마무리한다.

43 ～ 44

후두부의 미흡한 부분을 싱글링하여 다듬는다.

45 ~ 46

아웃라인은 장가위로 커트
하지 못한 부분을 더 정교
하게 다듬는다.

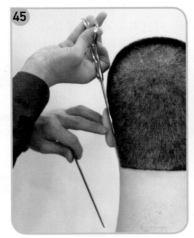 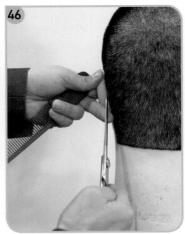

47 ~ 48

반삭발 스타일 커트가 완성
된 모습이다.

 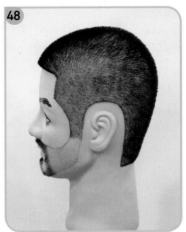

응용 이발
(남성커트)

Chapter 01

미디엄 샤기 스타일
(Medium Shaggy Style)

커트 순서

1 ~ 2

지간깎기 1번 영역에서 가이
드를 설정할 때 천정부(윗머
리 영역) 모발이 짧을 때는 앞
에서 가이드를 잡고 천정부
모발이 길 때는 T.P에서 가
이드를 잡는다.

3 지간깎기 2번 영역으로, 1번 영역의 가이드
에 맞추어 스퀘어 커트한다.

4 지간깎기 3번 영역으로, 1번 가이드에 맞추
어 스퀘어 커트한다.

5 ～ 6

지간깎기 4번 영역으로, 좌
측면에서 시작하여 우측으
로 돌아가며 1~3번 영역의
가이드에 맞추어 레이어 커
트한다.

7 ～ 8

좌측면의 중앙은 5번 영역
으로, 4번 영역의 가이드에
맞추어 후대각으로 떠내려
깎기한다.

9 ～ 10

떠내려깎기를 할 때에는
90°에서 시작하여 밑으로
내려올수록 각도를 다운시
켜 연결한다.

11 ~ 12

좌측면의 왼쪽은 6번 영역
으로, 5번 영역의 가이드에
맞추어 전대각으로 떠내려
깎기한다.

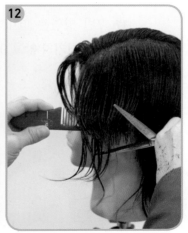

13 ~ 14

페이스라인 쪽을 후대각으
로 떠올려깎기하여 체크 커
트한다.

15 ~ 16

좌측면의 오른쪽은 7번 영
역으로, 5번 영역의 가이드
에 맞추어 후대각으로 떠내
려깎기한다.

17 7번 영역은 떠내려깎기할 때에 패널각도를 다운시키지 않고 90°로 들어 커트한다.

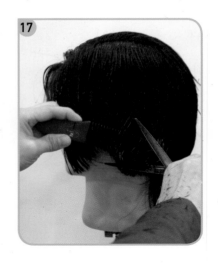

18 왼쪽 옆면 형태를 만들 때는 길이를 자른 후 모발이 떨어진 아웃라인을 장가위 끝으로 포인트 커팅한다.

19 ~ 20

좌측면 커트 후 후두부로 이동한다. 후두부의 중앙은 8번 영역으로, 4번 영역의 가이드에 맞추어 떠내려깎기한다.

21 후두부의 왼쪽은 9번 영역으로, 8번 영역의 가이드에 맞추어 후대각으로 떠내려깎기한다.

22 이 때 9번 영역은 패널각도를 다운시키지 않고 90°로 들어 커트한다.

23 후두부의 오른쪽은 10번 영역으로, 8번 영역의 가이드에 맞추어 후대각으로 떠내려깎기한다.

24 이때 10번 영역도 9번 영역과 동일하게 90°
로 들어 커트한다.

25 ~ 26

후두부 커트 후 우측면으로
이동한다. 우측면의 중앙은
11번 영역으로, 후대각으
로 떠내려깎기한다.

27 우측면의 왼쪽은 12번 영역으로, 11번 영역
의 가이드에 맞추어 후대각으로 떠내려깎기
한다.

28 이때 패널각도는 다운시키지 않고 90°로 들어 커트한다.

29 ~ 30

우측면의 오른쪽은 13번 영역으로, 11번 가이드에 맞추어 전대각으로 떠내려 깎기한다.

31 페이스라인 쪽은 후대각으로 떠올려깎기하여 체크 커트한다.

32 오른쪽 사이드도 반대쪽과 동일한 방법으로 길이를 자른 후 모발이 떨어진 아웃라인을 빗어 장가위로 포인트 커팅한다.

33 ~ 34

앞머리는 떠올려깎기로 체크 커트한다.

35 ~ 36

길이 커트와 동일한 순서로 티닝가위를 사용하여 1번 영역부터 1/2 노멀 테이퍼링한다.

37 ~ 38

2번 영역도 1/2 노멀 테이
퍼링한다.

39 지간깎기 3번 영역도 틴닝가위를 이용하여
1번 영역 가이드에 맞추어 1/2 노멀 테이퍼
링하여 붓 끝처럼 자연스럽게 만든다.

40 이때 질감처리가 된 곳이 또 커트되지 않도록
주의한다.

41 ~ 42

1~3번 영역 질감처리 후,
4번 영역도 1/2 노멀 테이
퍼링한다.

43 ~ 44

지간깎기의 질감처리 후, 5
번 영역부터 떠내려깎기 기
법으로 1/2 노멀 테이퍼링
한다. 이때 패널각도와 빗
의 기울기는 길이커트와 동
일하게 한다.

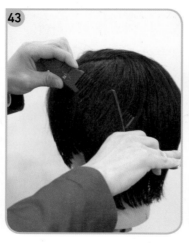
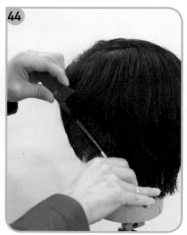

45 6번 영역도 1/2 노멀 테이퍼링한다.

46 페이스라인 쪽은 후대각으로 떠올려깎기하여 질감처리한다.

47 ~ 48

7번 영역도 길이커트와 동일한 각도와 기울기로 1/2 노멀 테이퍼링한다.

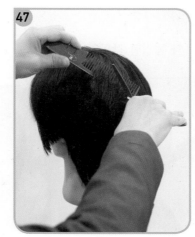

49 ~ 50

질감처리 후 아웃라인 쪽의 자연스러움을 위해 2/3 딥 테이퍼링한다.

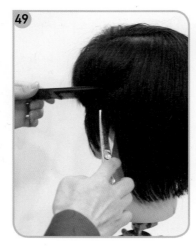
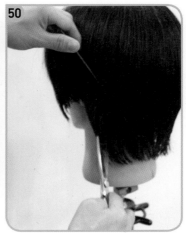

51 ~ 52

좌측면 질감처리 후 후두부
로 이동하여 중앙의 8번 영
역부터 1/2 노멀 테이퍼링
한다.

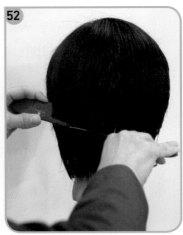

53 ~ 56

9번 영역과 10번 영역도 길이커트와 동일한 각도와 빗 기울기로 1/2 노멀 테이퍼링한다.

57 아웃라인의 자연스러움을 위해 2/3 딥 테이
퍼링한다.

58 후두부의 질감처리 후 우측면 중앙의 11번 영
역부터 1/2 노멀 테이퍼링한다.

59 ～ 60

11번 영역과 12번 영역도
1/2 노멀 테이퍼링한다.

61 아웃라인의 자연스러움을 위해 2/3 딥 테이
퍼링한다.

62 앞머리는 떠올려깎기로 체크 커트한다.

63 ~ 64

자연스럽게 빗질한 후 미흡
한 부분을 체크 커트한다.

65 ~ 68 질감처리 후 장가위로 잔머리를 정리한다. 이때 질감커트와 동일한 순서와 빗 기울
기로 떠올려깎기한다.

  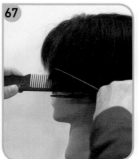 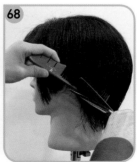

69 ~ 70

페이스라인 쪽은 후대각으
로 체크 커트한다.

71 왼쪽 옆면 형태는 길이를 자른 후 아웃라인을
장가위 날 끝으로 포인트 커팅한다.

72 표면의 잔머리는 옆가위질로 정리한다.

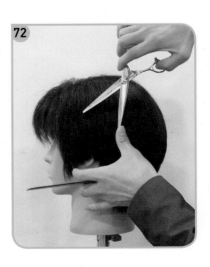

73 ~ 74

슬라이싱 기법으로 아웃라
인의 부자연스러운 질감을
보완한다.

75 ~ 76

후두부는 네이프에서 귀 중
간 지점까지 컨케이브 라인
으로 떠올려깎기 한다.

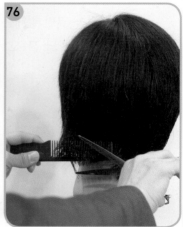

77 포인트 커트로 아웃라인의 잔머리를 정리한다.

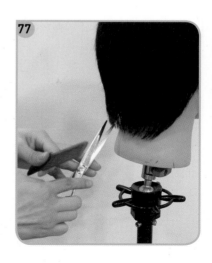

78 ~ 80 후두부 커트 후 우측면으로 이동한다. 우측면은 길이커트와 동일한 빗 기울기로 떠 올려깎기하여 체크 커트한다.

81 ~ 82

슬라이싱 기법으로 아웃라인의 질감을 자연스럽게 하고, 앞머리는 가위 끝을 사용하여 잔머리를 다듬어 자연스럽게 만든다.

83 ~ 84

미디엄 샤기 컷의 완성된 모습이다.

Chapter 02
숏 샤기 스타일
(Medium Short Style)

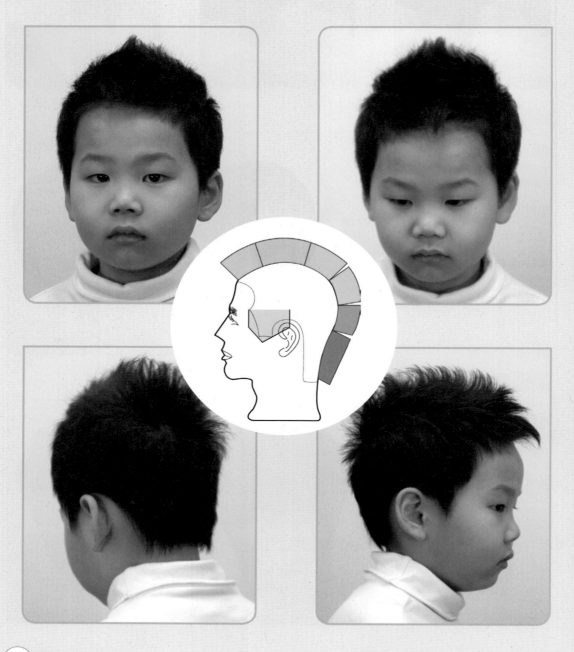

커트 순서

1 ~ 2

1번 영역을 가마 쪽에서 가이 드를 설정하여 얼굴 쪽으로 이동하면서 포인트 커트한다.

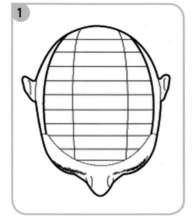

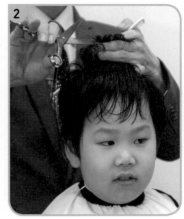

3 ~ 4

2~3번 영역은 1번 가이드에 맞추어 두상 90°로 레이어 커 트한다.

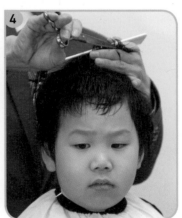

5 ~ 6

4번 영역도 1~3번 영역의 가이드에 맞춰 두상 90°로 레 이어 커트한다.

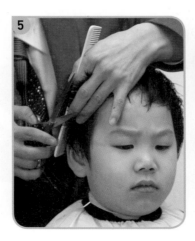

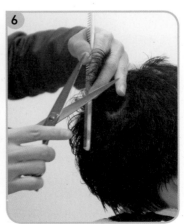

지간깎기 후 좌측면부터 가운데(후대각) – 왼쪽(전대각) – 오른쪽(후대각)의 순으로 떠내려깎기를 한다. 이때 7번 영역은 패널각도를 다운시키지 않고 90°로 들어 커트한다.

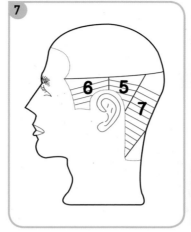

9 얼굴 쪽 영역은 후대각으로 떠올려깎기하여 체크 커트한다.

10 왼쪽 네이프 사이드라인을 자를 때 장가위는 백핸드로 잡고 장가위 날 끝으로 라인을 따라 자연스럽게 자른다.

11 후두부 중앙(수평) - 왼쪽(후대각) - 오른쪽 (후대각)의 순으로 떠내려깎기한다. 9번, 10 번 영역은 패널각도를 다운시키지 않고 90°로 들어 커트한다.

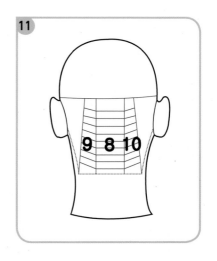

12 귀 중간까지 떠올려깎기 기법으로 체크 커트 (전대각으로)한다.

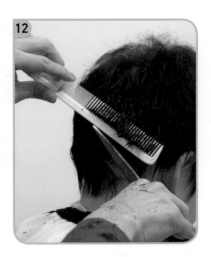

13 후두부 형태를 자른 후 장가위 동인에 가위가 흔들리지 않도록 왼손 검지를 받치고 라인을 자연스럽게 만들면서 포인트 커팅한다.

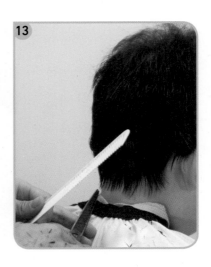

14 우측면은 중앙(후대각) − 왼쪽(후대각) − 오른쪽(전대각)의 순으로 떠내려깎기한다. 이때 왼쪽(12번 영역)은 패널각도를 다운시키지 않고 90°로 들어 커트한다.

15 ~ 16

아웃라인을 정리한다.

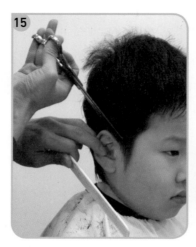
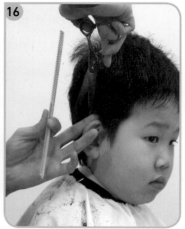

17 ~ 18

윗길이가 짧아 1~3번 영역은 좌전방에 위치하여 가마를 중심으로 방사 섹션으로 떠내려깎기한다.

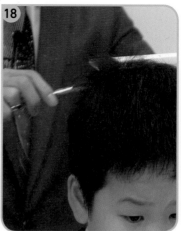

19 ~ 20

5~13번 영역은 길이 커트
와 동일한 패널각도와 빗
기울기로 떠내려깎기하여
1/2 노멀 테이퍼링한다.

21 미흡한 부분은 떠올려깎기로 체크 커트한다.

22 질감 처리가 끝나고, 장가위로 아웃라인을 다
시 정리한다.

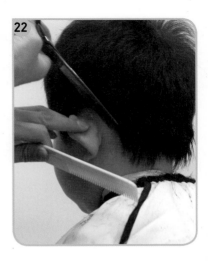

23 장가위로 마무리할 때 모발이 뭉쳐 있거나 모류가 휘어 있는 부분은 슬라이싱으로 커트하여 자연스럽게 한다.

24 옆가위질로 튀어나온 잔머리를 다듬는다.

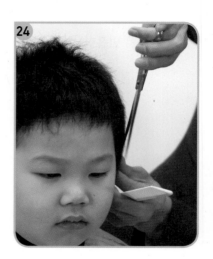

25 트리머 및 눈썹클리퍼로 솜털을 정리한다.

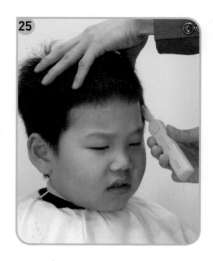

Chapter 03
댄디 스타일
(Dandy Style)

1 ~ 2

다음 사진과 같이 S.P에서 E.B.P까지 전대각 섹션, E.B.P에서 B.P를 향해 후대각 섹션을 나눈다.

3 섹션을 나눈 후 중앙에 버티컬 섹션으로 그라데이션 커트를 하여 가이드라인을 설정한다.

4 중앙의 버티컬 섹션을 가이드로 얼굴 쪽 영역을 다이애거널 섹션으로 전대각 커트한다.

5 아웃라인을 정리한다.

6 중앙가이드 우측은 다이애거널 섹션으로 커트한다.

7 ~ 8

아웃라인 커트를 할 때, 얼굴 쪽으로 빗어서 N.S.P로 갈수록 길이가 길어지도록 앞으로 당겨서 커트한다.

9 아웃라인 커트 후 중앙의 가이드에 맞추어, 버티컬 섹션으로 층을 준다.

10 층을 주고 난 후 아웃라인을 정리한다.

11 S.P 아래 영역의 커트가 끝난 후 F.S.P에서 다음 그림과 같이 섹션을 나눈다.

12 정중선 섹션 지점 모발을 펼쳤을 때 하단부는 그라데이션, 중단부는 스퀘어, 상단부는 레이어가 되도록 버티컬 섹션으로 잡고 블런트로 자른다. 이때 모발 길이에 따라 각도는 바뀔 수 있다.

13 중앙의 버티컬 섹션 가이드에 맞추어 얼굴 쪽 영역을 버티컬 섹션으로 커트한다.

14 얼굴 쪽 영역은 항상 커트 후에 후대각으로 체크 커트한다.

15 좌측면 오른쪽은 중앙의 가이드에 맞추어 버티컬 섹션으로 커트한다.

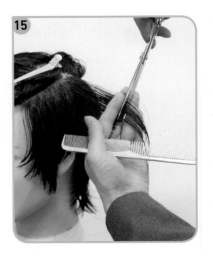

16 위쪽 머리카락을 내려서 중간 지점의 섹션에 맞추어 버티컬 섹션으로 잡고 스퀘어가 되도록 수직으로 블런트 커트한다.

17 반대쪽 사이드도 좌측과 동일한 방법으로 커트한다. 먼저 다음 사진과 같이 S.P에서 E.B.P까지 전대각 섹션 E.B.P에서 B.P를 향해 후대각 섹션을 나눈다.

18 ~ 19

중앙에 버티컬 섹션으로 가
이드라인을 설정하고, 얼굴
쪽 영역은 다이애거널 섹션
으로 전대각 커트한다. 커트
후 아웃라인을 정리 한다.

20 E.B.P 뒤쪽 영역은 다음 그림과 같이 섹션
을 나누어 먼저 아웃라인을 커트한다.

21 아웃라인을 커트할 때에는 N.S.P 쪽이 길어
지도록 얼굴 쪽으로 빗고, 당겨서 커트한다.

22 아웃라인 설정 후 E.B.P 뒤쪽 영역을 버티컬 섹션으로 중앙의 가이드에 맞추어 커트한다.

23 S.P 아래 영역의 커트가 끝난 후 F.S.P에서 반대쪽과 동일하게 영역을 나누어 중앙에 버티컬 섹션으로 스퀘어 커트하여 가이드라인을 설정한다.

24 ~ 25

반대쪽과 동일한 방법으로 정중선 옆면 버티컬 섹션으로 자를 때 하단부 밑 길이를 조금 더 길게 하고 싶으면 그라데이션 각도로 자르지 않고 스퀘어가 되도록 버티컬로 잡고 수직으로 블런트 커트한다.

26 고정한 핀셋을 내리고, 앞머리가 커트되지 않도록 다음 그림과 같이 섹션을 나눈다.

27 버티컬 섹션으로 중앙부터 아래 영역과 스퀘어 커트로 연결한다(볼륨감을 더 주고 싶을 때에는 레이어로 커트를 하는데, 반대쪽과 동일하게 한다).

28 측면의 커트가 끝난 후 다음 사진과 같이 귀중간에서 A라인(전대각)으로 섹션을 나눈다.

29 ~ 30

영역을 나눈 후 고객이 원
하는 네이프 라인을 맞춰
수평선으로 커트한다.

31 밑길이 설정 후 중앙에 버티컬 섹션으로 각도
를 들어 층을 준다(다음 사진은 일반각 80°로
커트하였는데, 디자인에 따라 층을 더 많이 주
고 싶을 때에는 각도를 더 들어서 커트한다).

32 ~ 33

중앙의 버티컬 섹션을 가이드
에 맞추어 양쪽 사이드도 버
티컬 섹션으로 커트한다.

34 이때 가운데 3개의 영역은 온베이스로 하고 양쪽 사이드는 사이드 베이스로 커트한다.

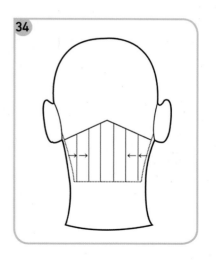

35 버티컬 섹션으로 커트 후 호리즌탈 섹션으로 체크 커트한다.

36 귀 중간의 A라인(전대각) 섹션 커트 후 B.P 에서 수평선으로 섹션을 나눈다.

37 이 영역은 호리존탈 섹션으로, 중앙에 다운 45°로 커트하여 가이드를 설정한다.

38 ~ 39

중앙의 가이드에 맞추어 동일한 각도로 남은 양쪽 사이드도 커트하여 측면의 커트와 자연스러운 컨백스 라인으로 연결한다.

40 B.P의 커트 후 G.P에서 섹션을 나누고 아래 B.P의 가이드에 맞추어 온 베이스로 스퀘어 커트한다.

41 중앙을 가이드로 동일한 각도로 왼쪽으로 이
동하며 커트하여 측면에서 잘랐던 커트와 연
결한다. 오른쪽도 동일한 방법으로 연결한다.

42 ~ 43

G.P에서 나누었던 섹션을
내리고 B.P 영역과 연결하
여 스퀘어 커트한다.

44 아래 영역의 커트 후, 천정부를 1번 영역부터
체크 커트한다(머리카락 길이 또는 고객이 원
하는 스타일에 맞추어 1번 가이드를 설정한
다).

나머지 지간깎기 2번과 3번 영역은 레이어 각도로 1번 가이드에 맞추어 체크 커트한다.

48 지간깎기 커트 후 앞머리를 커트하는데, 비대칭의 디자인을 내기 위해 모델(고객)의 자연 가르마를 찾는다.

49 가르마에서 우측 영역을 사선으로 섹션을 타서 고객이 원하는 앞머리 길이 가이드를 사선으로 설정한다.

50 사선 섹션과 평행으로 다시 섹션을 타고 가이
드에 다운 45°로 커트한다. 각도를 내릴수록
층이 적고 무거운 느낌이 든다.

51 한 섹션이 커트가 될 때마다 자연스럽게 밑으
로 내려 빗고, 아웃라인을 체크해가면서 커트
한다.

52 앞머리의 남은 영역을 다 끌어 모아 이전에
잘랐던 가이드에 맞추어 커트한다.

53 가르마의 좌측 영역은 우측 영역의 가이드에 맞추어 연결 커트한다.

54 앞머리 커트 후 아웃라인을 정리한다.

55 길이 커트 후 1번 영역부터 질감 커트한다. 댄디컷은 머리를 가볍게 하거나 띄우는 스타일이 아니기 때문에 모발 끝의 1/3의 깊이에서 엔드 테이퍼링한다.

56 ~ 59

위와 같은 방법으로 지간깎기 2번에서 4번까지의 영역은 1/3 엔드 테이퍼링한다.

60 지간깎기 영역의 질감처리 후, 아래 영역은
가운데 – 왼쪽 – 오른쪽의 순으로 떠내려깎
기하여 질감처리한다.

61 ~ 62

틴닝의 깊이는 모발 끝의
1/3에서 엔드 테이퍼링해
주고, 상황에 따라 1/2의
깊이까지 들어가서 노멀 테
이퍼링한다.

63 후두부 영역도 좌측면과 동일하게 중앙 → 왼쪽 → 오른쪽의 순으로 떠내려깎기한다.

64 떠내려깎기를 다 하였는데 아웃라인의 모량이 많은 부분은 1/2 노멀 테이퍼링하여 자연스럽게 한다.

65 ~ 66

우측면도 동일하게 가운데 → 왼쪽 → 오른쪽의 순으로 떠내려깎기한다.

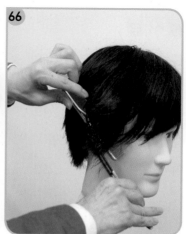

67 특히 귀 뒷부분이 모량이 많이 무거워 보이는 데, 이를 신경 써서 겉머리를 걷어내고 속머리를 2/3에서부터 깊게 질감처리한다.

68 ～ 69

앞머리에서 모량이 많은 부분을 1/2 노멀 테이퍼링하여 자연스럽게 한다.

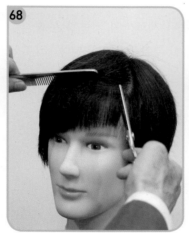

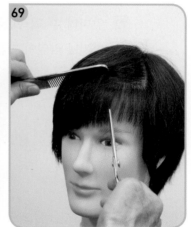

70 모량이 많은 부분은 지간깎기하여 체크 커트한다.

71 틴닝가위 시술 후 장가위로 커트를 마무리한
다. 빗으로 빗어 보고 앞머리 라인이 부자연
스럽거나 머리숱이 뭉쳐 보이는 곳은 슬라이
싱 기법으로 자연스럽게 한다.

72 앞머리 후 좌측면부터 체크하여 커트가 부족
하거나 라인이 미흡한 부분들을 다듬는다.

73 한쪽 면의 커트가 끝나면 옆가위질로 마무리
한다.

74 ~ 75

후두부를 체크 커트한다.

76 ~ 77

우측면도 좌측면과 동일하
게 라인을 정리한다.

78 아웃라인에 지저분한 잔머리가 없도록 장가
위로 라인을 다듬는다.

79 지간깎기 영역도 다시 한 번 잡아서 질감처리가 잘 되지 않았거나 길이가 긴 곳이 있으면 체크 커트한다.

80 옆가위질로 마무리한다.

81 ～ **83** 커트가 완성된 모습이다.

Chapter 04
맥가이버 스타일
(Macgyver Style)

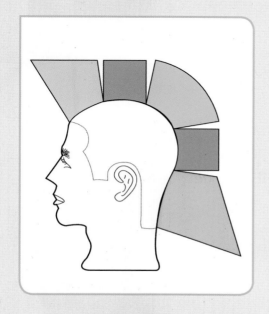

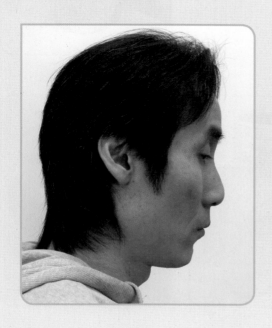

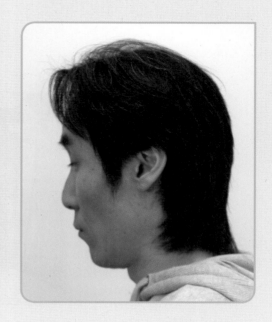

1 커트를 하기 전 머리에 분무를 하면서 고객의 두
상 및 모류에 단점이 있는 곳을 확인한다.

2 C.P 지점에서 윗머리의 가이드를 설정하여 1번
영역을 커트한다.

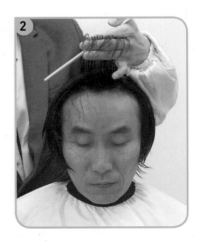

3 ~ 4

지간 깎기 2번 영역
과 3번 영역은 1번
영역 가이드 머리카
락 길이를 보고 수
평으로 자른다.

5 ~ 6

4번 영역은 세로 섹션으로
나누어 두상 90°로 커트한다.

7 빗을 사용하여 가이드라인 만들 곳을 미리 예
측한 후 우선 S.P에서 E.P까지 전대각으로
라인을 설정한다. 가이드라인 설정 후 아래에
서부터 싱글링으로 연결 커트한다.

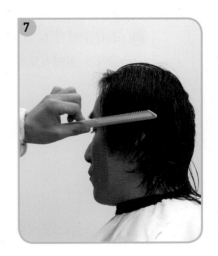

8 E.P에서 E.B.P의 영역은 E.P 길이의 가이
드에 맞추어 후대각으로 갈수록 머리가 길어
지게 커트한다.

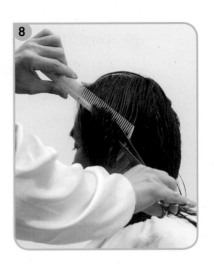

9 귀 주변의 아웃라인을 정리한다.

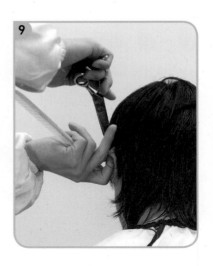

10 E.B.P에서 N.S.P의 영역은 밑으로 갈수록 길이가 길어지도록 손으로 잡아서 0°로 커트한다.

11 네이프 사이드라인의 가이드 설정 후 다음 그림의 영역과 같이 섹션을 나누어 층을 준다 (각도는 층의 높이에 따라서 45°에서 90° 사이로 설정한다).

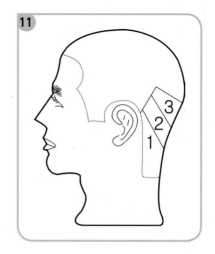

12 아웃라인을 정리한다.

13 우측면도 좌측면과 동일하게 S.P에서 E.P
까지 전대각으로 가이드 라인을 설정한다.

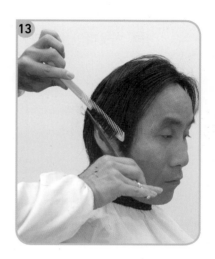

14 가이드와 싱글링으로 연결한다. E.P에서
E.B.P의 영역도 E.P 길이의 가이드에 맞추
어 후대각으로 갈수록 머리가 길어지게 커트
한다.

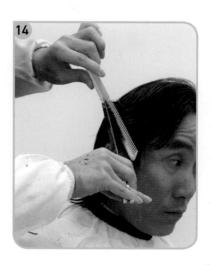

15 ~ 16

네이프 사이드라인은 각도
를 0°로 뒤로 갈수록 길어
지게 커트하고, 다음 그림
과 같이 섹션을 나누어 층
을 준다(각도는 좌측과 동
일하게 한다).

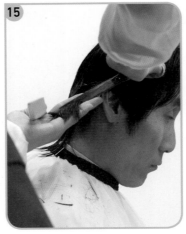

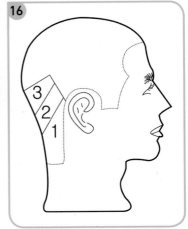

17 아웃라인을 정리한다.

18 측면 커트 후 후두부를 커트한다. B.P에서
'V' 파트로 윗머리를 고정시킨 후 네이프 중앙
을 버티컬 섹션으로 나눈다.

19 B.P에서 가이드를 설정하여 네이프까지 인크리 레이어가 되도록 블런트로 자른다.

20 중앙의 섹션을 가이드로 양 옆으로 이동하며 버티컬 섹션으로 커트한다(양 옆으로 이동하여 좀 전에 양쪽 측면에 커트했던 가이드와 만나면 된다).

21 가로섹션으로 체크 커트한다. 체크 커트 후 위쪽에 나누었던 V파팅을 내리고 버티컬 섹션으로 연결 커트한다.

22 길이 커트 후 1~4번 영역은 손으로 잡아서 커트하고, 아래 영역은 떠내려깎기, 떠올려깎기, 연속깎기 등 싱글링 테크닉으로 질감처리한다.

23 지간깎기 1번 영역에서 4번 영역까지는 틴닝가위로 1/3 엔드 테이퍼링하고 옆면과 뒷면은 떠내려깎기한 뒤 장가위로 라인을 정리하여 자른다.

Chapter 05

투 블럭 스타일
(Two-Block Style)

Before

✂️ 커트 순서

1 ~ 2

디스커넥션할 부분을 나누어 핀셋으로 고정시킨다(F.S.P 에서 약 7~8㎝ 수평 섹션, 이어서 B.P까지 후대각 섹션 으로 좌우 대칭으로 나눈다).

3 ~ 4

투 블록으로 섹션을 나누어 클 립으로 상단 머리카락을 고정 시키고 하단부는 고객이 원하 는 길이에 맞추어 클리퍼 덧날 을 사용하여 3~12㎜로 밀어 자르거나 또는 면치기 기법으 로 빗을 대고 자른다.

5 모발 길이가 길어 위쪽에서 선을 만들고 아래로 내려오면서 면치기 기법으로 커트한다.

6 구레나룻 부분은 끌어올리지 않고 빗을 대고 커트하여 두껍게 남겨준다.

7 이어라인은 돌려깎기로 아웃라인을 깔끔하게 정리한다.

8 ~ 9

후대각으로 체크 커트한다.

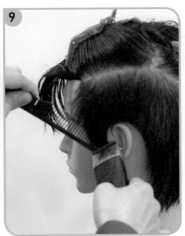

10 페이스 라인도 깔끔하게 정리한다.

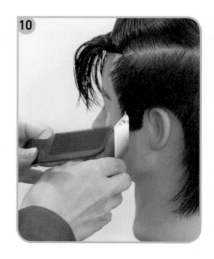

11 ~ 12

좌측면 중앙가이드와 연결
하여 면치기 기법으로 커트
한다.

13 ~ 14

네이프 사이드라인은 면치
기 기법으로 커트하고, 클
리퍼를 뒤집어서 라인을 정
리한다.

15 ~ 16

클리퍼로 면치기 커트 후, 장가위로 싱글링하여 더 정교하게 다듬는다.

17 아웃라인을 정리한다.

18 옆가위질로 표면을 다듬는다.

19 ~ 20

우측면도 반대쪽과 동일하
게 클리퍼로 면치기 커트
한다.

21 구레나룻 부분은 끌어올리지 않고 빗을 대고
커트하여 두껍게 남겨준다.

22 후대각으로 체크 커트한다.

23 ~ 24

후두부는 후대각으로 커트
한 후, 버티컬 섹션으로 체
크 커트한다.

25 싱글링과 옆가위질로 더 정교하게 다듬는다.

26 아웃라인을 다듬는다.

27 고정했던 핀셋을 푼 모습이다.

28 지간깎기 1번 영역을 C.P.에서 가이드 설정 후 G.P로 이동하면서 커트한다.

29 ~ 30

2번 영역은 1번 영역 가이드에 맞춰서 스퀘어 또는 레이어로 커트한다.

31 ~ 32

3번영역은 1번영역 가이드
에 맞춰서 스퀘어 또는 레
이어로 커트한다.

33 ~ 34

4번 영역은 1~3번 영역 가
이드에 맞춰 레이어로 커트
한다(측면은 4번 영역의 커
트할 부분이 없기 때문에
뒷부분만 커트한다).

35 얼굴 쪽은 전대각으로 아웃라인을 정리한다.

36 뒤쪽은 후대각으로 아웃라인을 정리한다.

37 ~ 38

오른쪽도 반대편과 동일하게 아웃라인을 정리한다.

39 잔머리를 정리한다.

40 길이 커트 후 틴닝가위를 사용하여 지간잡
기 1번 영역부터 엔드 테이퍼링(모발길이의
1/3)한다.

41 ~ **42**

2~3번 영역도 엔드 테이퍼
링한다.

43 4번 영역도 엔드 테이퍼링한다(측면은 4번
영역의 커트할 부분이 없기 때문에 뒷부분만
질감처리한다).

44 떠내려깎기로 체크 커트한다.

45 ~ 46

아웃라인의 부자연스러운
부분에 사선으로 테이퍼링
하여 자연스러운 라인을 만
든다.

47 ~ 48

앞머리도 떠내려깎기 및 떠
올려깎기로 체크 커트한다.

49 ~ 50

커트가 완성된 모습이다.

Chapter 06
모히칸 스타일
(Mohican Style)

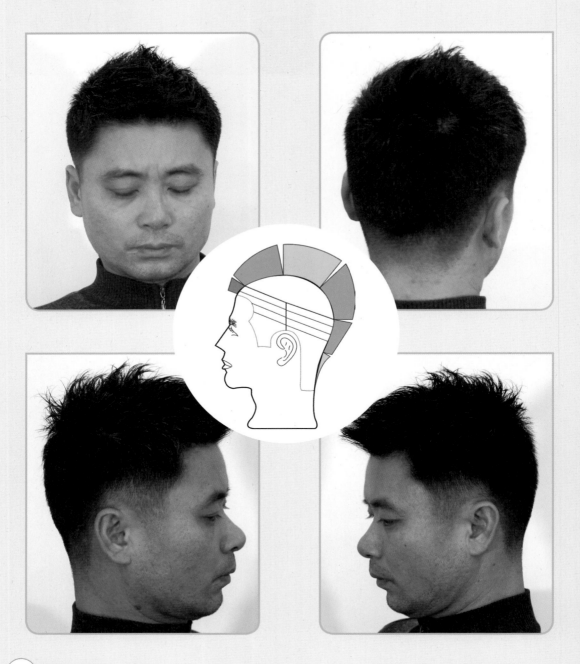

커트 순서

1 ~ 2

클리퍼는 양쪽 측면에 잡고
끌어올리기 기법을 사용하
여 뒤에서 봤을 때 귀 중간에
서 귀 상단을 향한 컨백스 라
인의 모양으로 3㎜ 끌어올
린다.

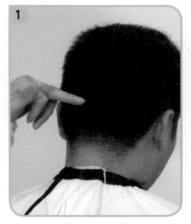

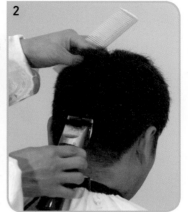

3 끌어올린 각도에 맞추어 이어라인은 클리퍼 3㎜
로 돌려깎기하고, 구레나룻 부분은 귀 상단까지
그라데이션 커트한다.

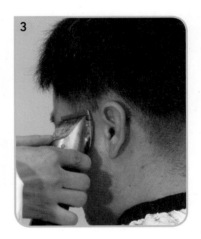

4 반대쪽(우측)도 좌측과 동일하게 끌어올리기 및
이어라인 돌리기한다. 1번 가이드에 맞추어 스
퀘어로 커트한다.

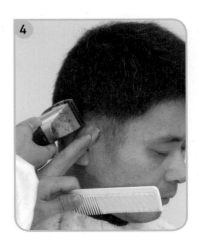

5 구레나룻은 3㎜로 끌어올린 부분과 연결하여 후대각으로 커트한다.

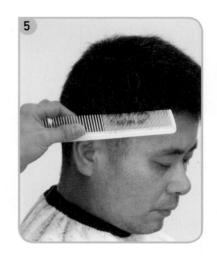

6 ～ 7

E.P에서 E.B.P까지 후대각으로 커트한다. 이때 하얗게 명암처리한 부분이 너무 높지 않게 주의해야 한다.

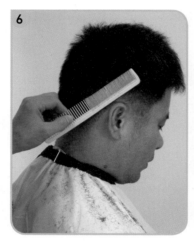

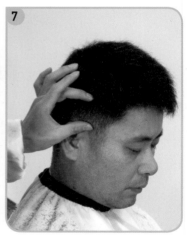

8 후두부는 3㎜로 끌어올린 가이드와 연결하여 면치기 기법으로 커트한다.

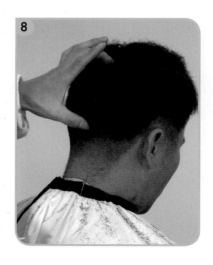

9 ~ 10

남은 영역의 반까지는 그라
데이션 커트한다. 이때 3㎜
로 끌어올렸을 때 만들었던
U라인의 디자인으로 커트
하여도 되고, 좀 더 스타일
링을 과감하게 할 때에는 V
라인으로 커트한다.

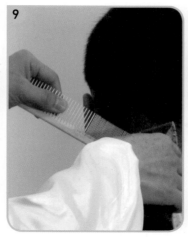

11 그라데이션 커트 후 자연스럽게 층을 내고 싶
은 부분이나 다듬고 싶은 부분이 있을 때 2번
빗 잡는 법을 이용하여 레이어 처리한다.

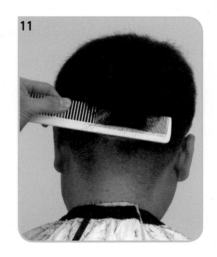

12 면치기 커트를 할 때 3㎜로 끌어올렸던 부분
과 면치기했던 부분에 단차가 생긴 부분은 3
번 빗 잡는 법을 이용하여 명암처리한다.

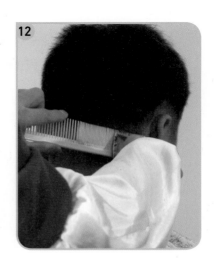

13 ~ 14

좌측면도 우측면과 동일하게 후대각 디자인으로 3㎜로 끌어올렸던 영역과 연결하여 커트한다.

15 처음에 3㎜로 끌어올렸던 부분에 아웃라인이 지저분할 경우 1㎜로 다시 다듬는다.

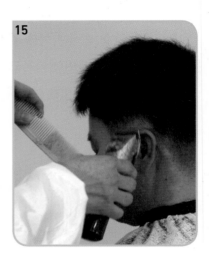

16 클리퍼 커트가 끝난 후, 지간깎기 1번 영역에서 4번 영역을 커트한다.

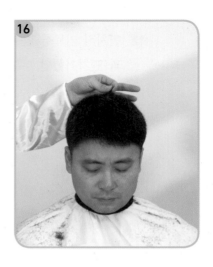

17 ~ 18

1번 영역은 T.P에서 C.P로 갈수록 길이가 점점 짧아지게 가이드라인을 설정하고, 2번과 3번 영역은 아래로 내려갈수록 짧게 커트한다. 4번 영역은 클리퍼 커트와 연결한다.

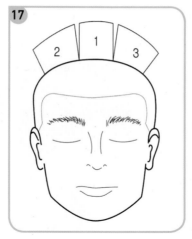

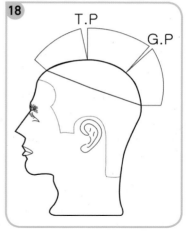

19 길이 커트 후 떠내려깎기, 떠올려깎기, 연속 깎기 기법을 이용하여 모발의 2/3 지점까지 깊게 틴닝가위로 질감처리한다.

20 질감처리 후 장가위를 이용하여 좀 더 정교하게 커트한다.

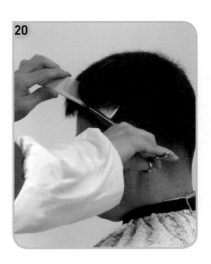

21 ~ 22

싱글링 커트 시 빗은 클리퍼 커트와 동일한 기울기로 레이어 빗각도로 잡고, 빗살뿌리에 튀어나온 머리카락을 다듬는다.

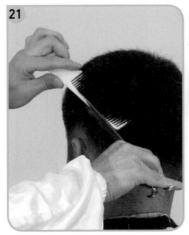 

23 싱글링 커트가 끝난 후 옆가위질로 잔머리를 다듬는다.

24 대빗으로 싱글링 커트 후 명암처리가 미흡한 부분에 소빗을 이용하여 커트한다.

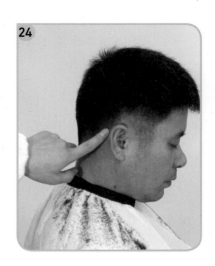

25 소빗처리를 할 때 빗은 1번 빗 잡는 법으로 잡고 빗살 끝에 가위 끝을 밀착시켜 튀어나온 부분을 커트한다.

26 소빗으로 처리하지 못하는 부분은 가위 끝으로 찔러깎기하여 명암을 맞춘다.

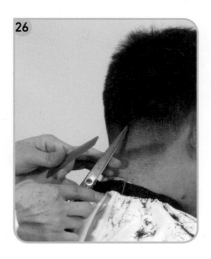

27 ~ 28

커트가 끝난 후 트리머를 이용하여 솜털을 정리한다.

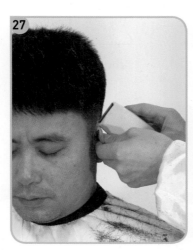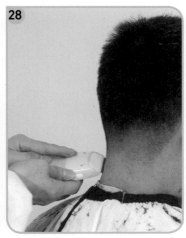

Chapter 07

젠틀맨 롱 스타일
(Gentleman Long Style)

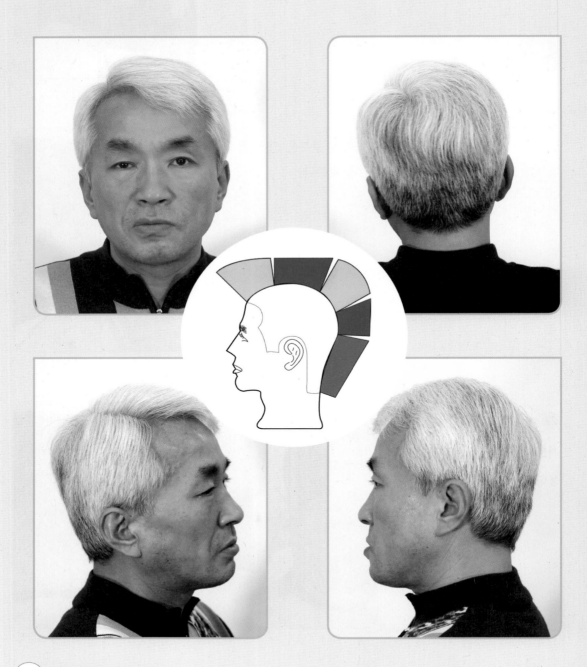

커트 순서

1 가르마쪽에서 틴닝가위로 떠내려깎기, 떠올려 깎기 및 연속깎기를 이용하여 숱처리한다. 숱처리할 때에는 빗을 레이어 빗각도로 잡고 모발의 1/2 또는 2/3까지 깊게 들어가서 테이퍼링 한다.

2 ~ 4

우측면 정리가 끝나면 이어서 빗은 두상을 따라 컨백스 라인으로 기울여 후두부를 질감처리한다. 후두부가 끝나면 이어서 좌측면도 우측면과 동일한 방법으로 커트한다.

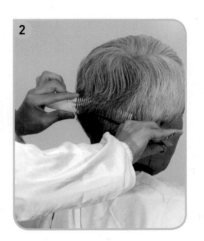

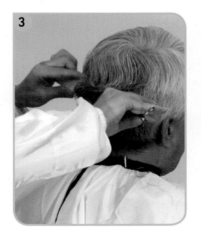

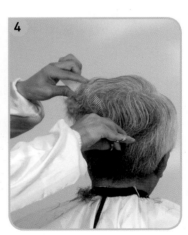

5 ~ 6

1~4번 영역은 틴닝가위로
떠올려깎기와 떠내려깎기
로 질감처리한다.

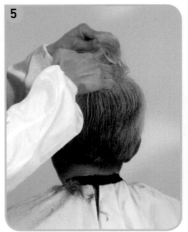
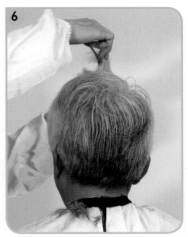

7 ~ 8

질감처리 후 5~7번 영역은
연속깎기 및 떠올려깎기하
여 잔머리를 다듬는다.

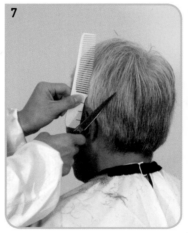
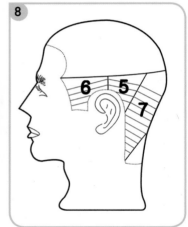

9 얼굴 쪽 커트 후에는 항상 후대각으로 체크
커트한다.

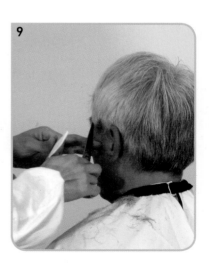

10 7번 영역은 N.S.P에 무게감을 주기 위해서 각도를 90° 들어서 커트한다(무게감을 많이 줄수록 각도를 많이 주어 커트한다).

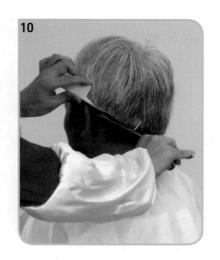

11 측면 커트 후 아웃라인을 정리한다.

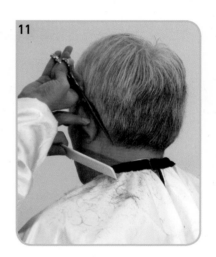

12 8~9번 영역도 다음 그림과 같이 연속깎기 및 떠올려깎기하여 잔머리를 다듬는다.

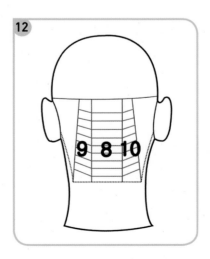

이때 각도는 90°로 들어서
커트하고, 귀 중간 아래 영
역은 컨케이브 라인으로 체
크 커트한다.

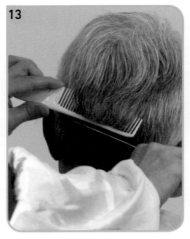
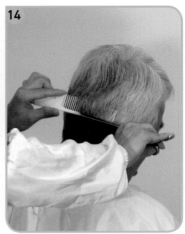

15 후두부의 커트가 끝난 후 끝이 뭉뚝해 보이지
않도록 가위 끝으로 아웃라인을 정리한다.

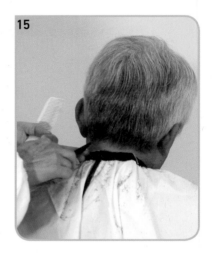

16 우측면도 좌측면과 동일하게 E.P에서 E.B.P
사이의 영역(11번 영역)부터 커트한다.

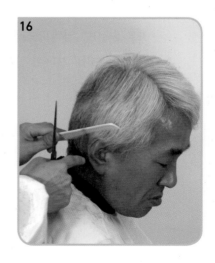

17 ~ 18

11번 영역과 12번 영역은 후대각, 13번 영역은 전대각으로 빗을 기울이는데, 12번 영역은 각도를 90° 들어서 커트한다. 항상 얼굴 쪽은 후대각으로 커트한다.

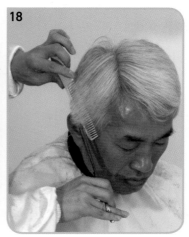

19 측면 커트 후 가위 끝으로 아웃라인을 다듬는다.

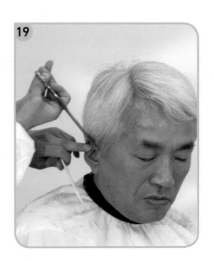

20 전체적으로 라인과 질감을 확인하면서 부족한 부분을 찾아 더 섬세하게 커트한다.

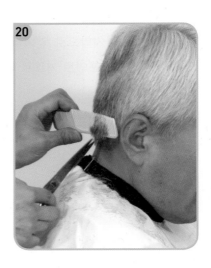

21 ~ 22

커트가 끝난 후에는 항상 옆
가위질로 마무리하여 튀어
나온 잔머리를 정리한다.

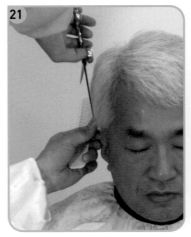
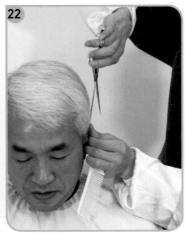

23 아래 영역의 커트가 끝난 후 지간깎기 영역
1번에서 3번 영역은 스퀘어로, 4번 영역은
레이어로 체크 커트한다.

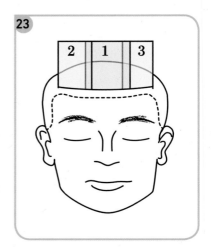

24 마지막으로 앞머리를 빗어 눈을 찌르지 않도
록 포인트 커트로 다듬는다.

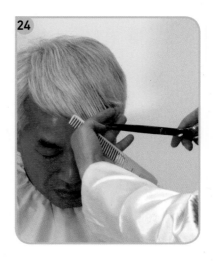

25 ~ 26

커트가 끝난 후 눈썹클리퍼
로 솜털을 정리한다.

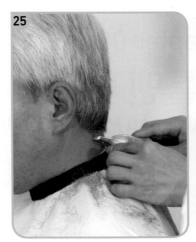
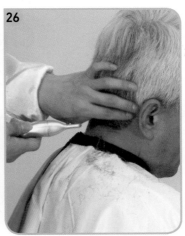

27 ~ 28

커트가 완성된 모습이다.

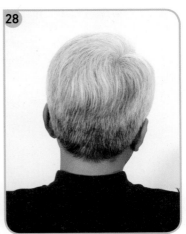

Chapter 08
젠틀맨 미디엄 스타일
(Gentleman Medium Style)

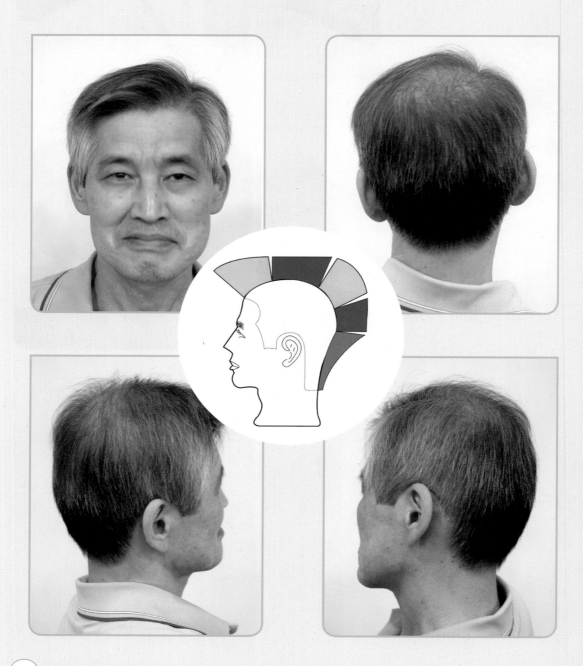

커트 순서

1 ~ 2

지간깎기 1번 영역에서 3번 영역을 스퀘어가 되도록 블런트로 자른다.

3 ~ 4

4번 영역은 버티컬 섹션을 잡고 수직으로 블런트 커트하여 상단 머리카락과 옆 머리카락을 펼쳤을 때 스퀘어가 되도록 자른다.

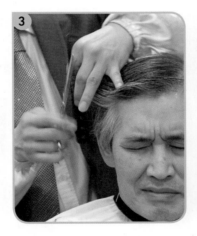

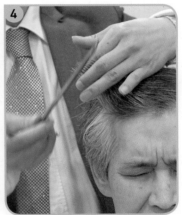

5 4번 영역 백 부분도 마찬가지로 스퀘어 커트한다.

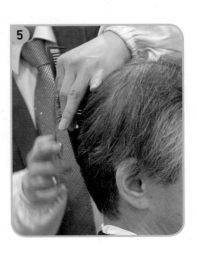

6 4번 영역을 우측에서부터 좌측으로 한 바퀴 돌아 커트 후 빗을 뒤집어 반대로 빗질하여 체크 커트한다.

7 ~ 9

지간깎기가 끝난 후 5~6번 영역을 그라데이션 빗각도로 잡고 아웃라인을 귓바퀴 모양대로 커트한다(이어라인은 곡선이기 때문에 클리퍼로 커트할 때 너무 많은 양을 한 번에 자르지 않도록 주의한다). 아웃라인 커트 후 각도를 들어 커트하며 지간깎기 4번 영역과 연결 커트한다.

10 구레나룻을 수평으로 커트한다(고객에 따라
구레나룻을 커트하는 위치가 다르기 때문에
주의해야 한다).

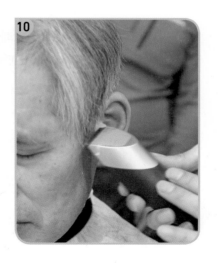

11 구레나룻 커트 후 각도를 들어 살짝 층을 내
고, 얼굴쪽은 후대각으로 체크 커트한다.

12 E.B.P 뒤쪽 영역도 앞쪽과 동일하게 그라데
이션 빗각도로 아웃라인을 커트한다(신사커트
는 층을 먼저 주지 않고 빗 기울기를 헤어라인
에 맞추어 라인부터 잡는 것이 중요하다).

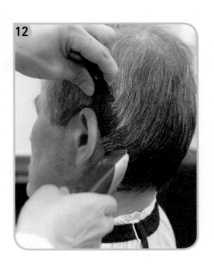

13 아웃라인 커트 후 레이어 빗각도로 빗을 들어 올리면서 4번 영역과 연결 커트한다. 이때 E.B.P 쪽보다 N.S.P 쪽의 영역이 더 넓으므로 빗을 부채살 방향으로 이동하며 연결한다.

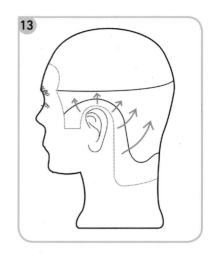

14 ~ 15

커트 후 아웃라인을 다듬는다.

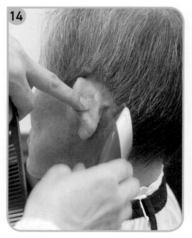
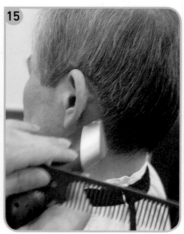

16 좌측 커트가 끝난 후 후두부를 커트하는데, 귀 중간 아래 영역은 컨케이브(전대각)으로 귀 중간 위쪽은 컨백스 라인(후대각)으로 디자인한다.

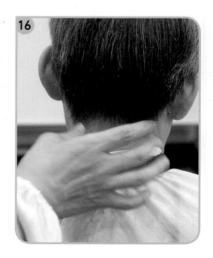

17 먼저 후두부 중앙은 빗을 수평으로, 후두부 우측과 좌측은 전대각으로 기울여 중앙의 가이드를 보고 그라데이션 커트한다.

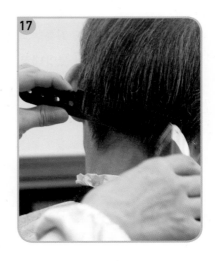

18 ~ 19

컨케이브 라인(전대각) 커트 후, N.S.P에 후대각 45°로 빗을 기울여 정리한다.

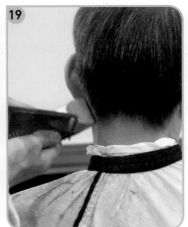

20 이때 각을 굴려주며 위쪽의 지간깎기 4번 영역과 연결하여, 귀 중간 위쪽은 U라인의 디자인으로 커트한다.

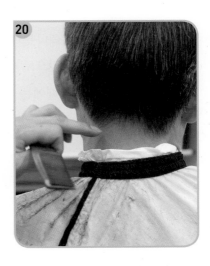

21 우측면도 좌측면과 동일하게 그라데이션으로 이어라인 모양대로 아웃라인을 오린다.

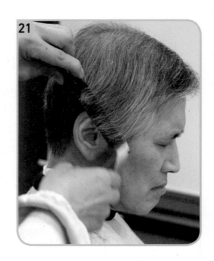

22 아웃라인 설정 후 각도를 들어 층을 준다. 얼굴 쪽은 후대각으로 체크 커트한다.

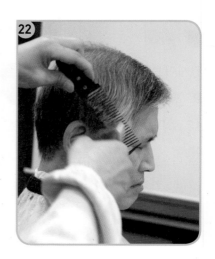

23 커트 후 구레나룻과 아웃라인을 정리한다. 이때 모류가 앞으로 쏠려서 클리퍼로 커트가 잘되지 않을 때에는 다음 사진과 같이 빗을 잡는다.

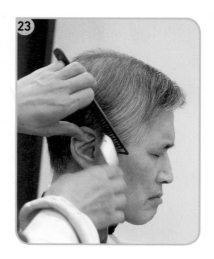

24 E.P 뒤쪽 영역도 아웃라인 설정 후 다음 그림과 같이 지간깎기 4번 영역과 연결 커트한다.

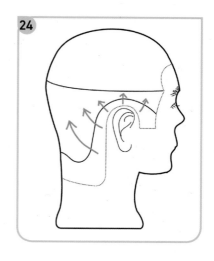

25 ~ **26**

길이 커트 후에 틴닝가위를 사용하여 질감처리를 한다. 두상, 모질 등 고객의 상태에 따라 틴닝의 깊이를 1/2 또는 1/3에서부터 연속깎기, 떠올려깎기, 떠내려깎기 기법으로 고객의 뒤쪽으로 한 바퀴 돌아가며 커트한다.

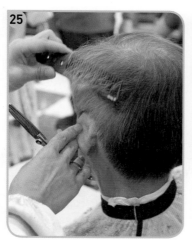

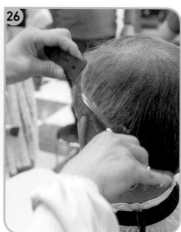

27 틴닝 커트 후에는 장가위를 사용하여 잔머리를 다듬는다.

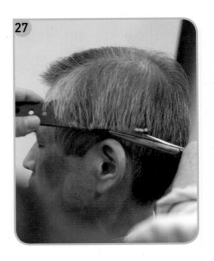

28 빗의 기울기는 클리퍼 커트와 동일하게 잡아주고, 레이어 빗각도를 사용하여 싱글링한다.

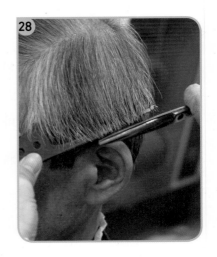

29 항상 싱글링이 끝난 후에는 옆가위질로 마무리한다.

30 아웃라인도 다시 가위로 더 섬세하게 다듬는다.

31 ~ 32

후두부도 클리퍼와 커트와 귀 중간 아래 영역은 A라인(전대각)의 기울기로, 귀 중간 위쪽 영역은 U라인(후대각)의 기울기로 같이 싱글링하여 다듬는다.

33 마지막으로 앞머리를 체크 커트한다.

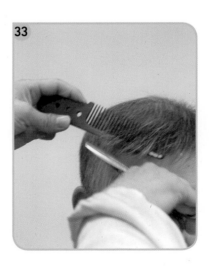

34 모량이 많은 부분에는 가위 끝을 이용하여 포인트 커트하여 질감처리한다.

35 ～ **36**

커트가 완성된 모습이다.

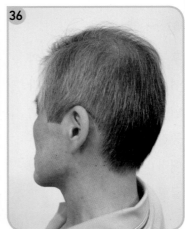

Chapter 09
각진 스포츠 스타일
(Square Brosse Style)

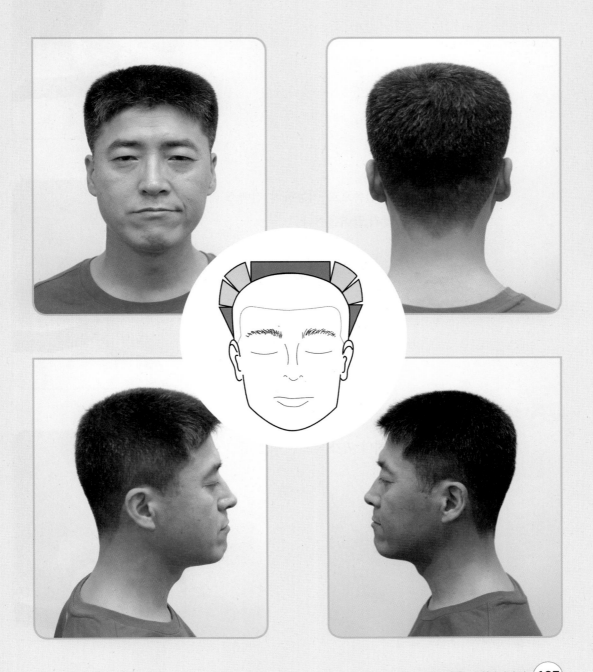

커트 순서

1 네이프 중앙을 클리퍼 3㎜로 귀 중간까지 그라
데이션으로 끌어올린다.

2 중앙을 가이드로 왼쪽으로 이동하며 컨백스 라
인의 디자인에 맞춰 끌어올린다.

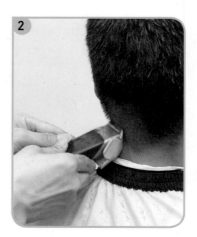

3 좌측면으로 이동하다 귀가 닿으면 귀를 잡고 이
어라인을 돌린다.

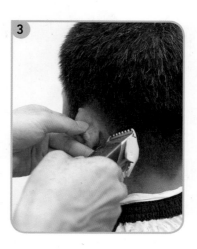

4 구레나룻은 귀 상단까지 끌어올리고 이어라 인은 돌려서 연결시킨다.

5 ~ 8

반대쪽도 동일하게 컨백스 라인에 맞춰 클리퍼 3㎜로 끌어올리기 및 이어라인 돌리기로 커트한다.

   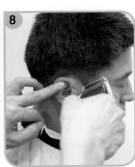

9 우전방에 위치하여 클리퍼 1㎜로 윗면 중앙 부터 커트한다. 가이드를 T.P에서 수평으로 설정하고, 가이드에 맞춰 수평이 되게 커트 한다.

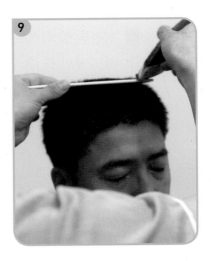

10 T.P를 가이드로, 시술자가 서 있는 쪽(우측) 부터 TOP에 맞춰 수평으로 커트한다.

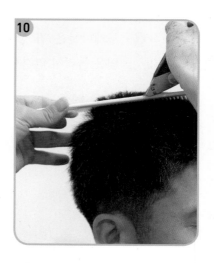

11 T.P를 가이드로, 시술자가 서 있는 반대쪽 (좌측)도 TOP에 맞춰 수평으로 커트한다.

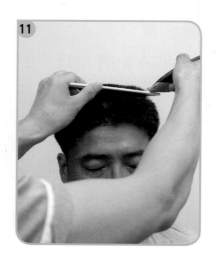

12 천정부 영역 커트 후, 우측에서부터 TOP에 서 수평이 될 수 있도록 다시 커트 영역을 다 듬는다.

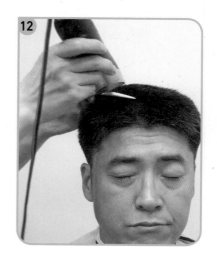

13 ~ 14

우측면 → 뒷면 → 좌측면의 순으로 고객의 뒤를 한 바퀴 돌아가며 동일한 방법으로 다듬는다.

15 ~ 16

천정부 영역 커트 후, 구레나룻 및 이어라인 등 아웃라인을 1㎜로 깔끔하게 다시 정리한다.

 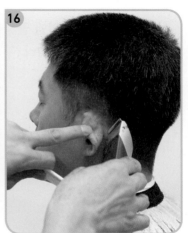

17 ~ 18

3㎜로 끌어올리기했던 영역과 천정부 영역을 면치기 커트로 연결한다. 이때 빗 각도는 아래서부터 그라데이션 → 스퀘어 → 레이어 순으로 한다.

 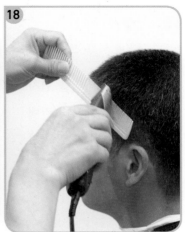

19 끌어올리기했던 부분과 면치기 커트 부분에 생긴 명암의 단차는 3번 빗 잡는 법으로 없앤다.

20 단차를 없앤 끝지점에서 1번 빗 잡는 법으로 체크 커트한다.

21 ~ 22

후두부는 3㎜로 끌어올린 영역과 천정부 영역을 면치기 커트로 가운데부터 컨백스 라인의 디자인으로 연결한다.

23 1㎜로 아웃라인을 터치 기법으로 정리한다.

24 아웃라인 정리 후 생긴 단차는 3번 빗 잡는 법으로 연결한다.

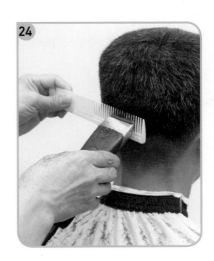

25 ~ 26

우측면도 동일하게 3㎜로 끌어올린 영역과 천정부 영역을 면치기 커트로 연결한다.

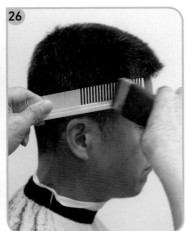

27 1mm로 아웃라인을 다시 정리하고, 아웃라인 정리 후 생긴 단차는 3번 빗 잡는 법으로 없앤다.

28 이어라인도 1mm로 깔끔하게 다시 정리한다.

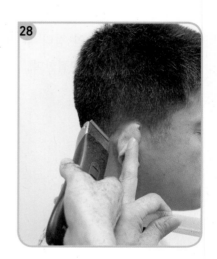

29 면치기 공식의 커트 후, 천정부 영역과 면치기 공식 커트 영역의 만나는 지점에 생긴 각을 레이어 빗각도로 자연스럽게 굴린다.

30 우측에서 시작하여, 우측면 → 후두부 → 좌측면의 순으로 고객의 뒤를 한 바퀴 돌아가며 커트한다.

31 ~ **32**

한 바퀴 돌면서 부족한 부분이 있으면 수정한다.

33 클리퍼 커트 후 장가위로 싱글링하여 더 정교하게 커트한다. 좌전방에 위치하여 중앙을 먼저 다듬는다.

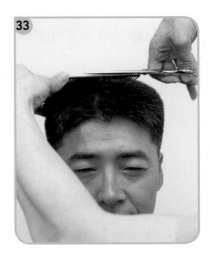

34 중앙을 가이드로 시술자가 서 있는 쪽(좌측)을 다듬는다.

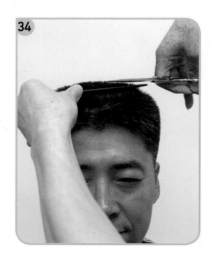

35 중앙을 가이드로 반대쪽(오른쪽)을 다듬는다.

36 싱글링 후 옆가위질로 튀어나온 부분을 정리한다.

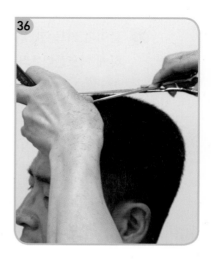

37 이어라인도 싱글링으로 정교하게 다듬는다. 빗은 레이어 빗각도로 잡고, 머리카락이 짧을수록 가위가 빗살로 올라간다.

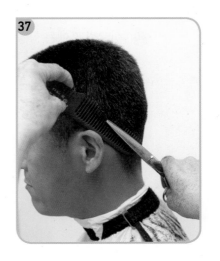

38 명암의 단차가 생긴 부분에는 3번 빗 잡는 법으로 싱글링하여 단차를 없앤다.

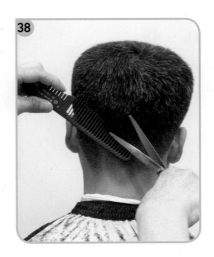

39 좌측에서부터 고객의 뒤를 한 바퀴 돌아가며 동일한 방법으로 싱글링한다.

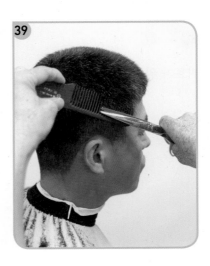

40 싱글링 후에는 항상 옆가위질로 마무리한다.

41 ~ 42

커트가 끝나고 트리머로 솜
털을 정리한다.

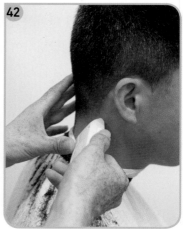

43 ~ 44

커트가 완성된 모습이다.

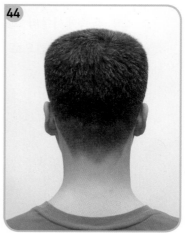

Chapter 10
해병대 스포츠 스타일
(Marine Brosse Style)

Before

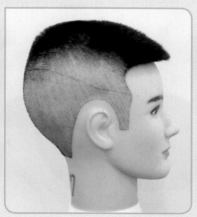

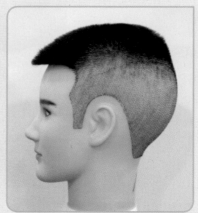

커트 순서

1 ~ 2

클리퍼 1mm로 네이프 중앙부
터 가마에서 1cm 아래까지 끌
어올린다.

3 ~ 4

끌어올리기 끝지점에서 클리
퍼를 그라데이션으로 커트
한다.

5 ~ 6

중앙의 가이드에 맞춰 뒷면을
1mm로 끌어올린다.

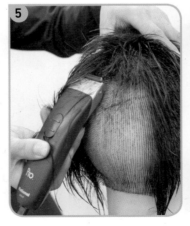

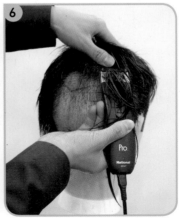

7 우측면은 F.S.P 1㎝ 아래까지 클리퍼 1㎜로 끌어올려 가이드를 설정한다.

8 가이드에 맞춰 뒷면과 우측면을 전대각으로 연결한다.

9 ~ 10

뒷면에서 좌측으로 이동하면서 가이드에 맞춰 1㎜로 끌어올린다.

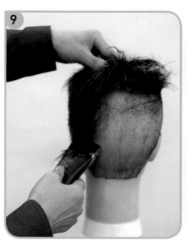

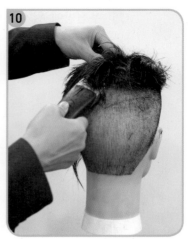

11 ~ 12

좌측면도 F.S.P 1cm 아래
까지 클리퍼 1mm로 끌어올
려 가이드를 설정한 후 가
이드에 맞춰 뒷면과 좌측면
을 전대각으로 연결한다.

13 ~ 14

1mm로 끌어올리기 기법이
완성된 모습이다.

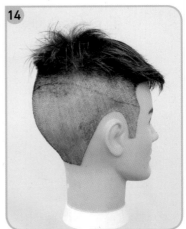

15 우전방에 위치하여, T.P에서 수평으로 가이
드를 설정한다.

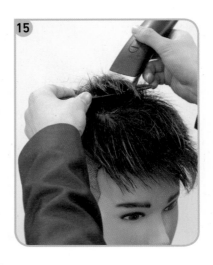

16 1번 영역을 T.P 가이드에 맞춰 떠내려깎기 기법으로 수평이 되게 커트한다.

17 ~ 18

T.P를 가이드로, 시술자가 서 있는 쪽부터(2번 영역) TOP에 맞춰 수평으로 커트한다.

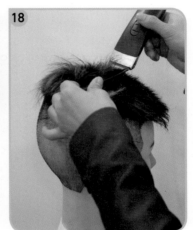

19 ~ 20

T.P를 가이드로, 시술자가 서 있는 반대쪽(3번 영역)도 TOP에 맞춰 수평으로 커트한다.

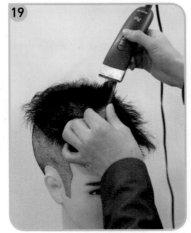

21 ~ 22

천정부 영역(1~3번 영역) 커트 후, 우측에서부터 미흡한 부분을 수평으로 다듬는다.

23 ~ 27

우측면 → 뒷면 → 좌측면의 순으로 고객의 뒤를 한 바퀴 돌아가며 동일한 방법으로 다듬는다.

28 천정부 영역의 커트가 완성된 모습이다.

29 ~ 30

천정부 영역 커트 후, 좌측 면부터 1㎜로 끌어올렸던 부분과 천정부 영역을 면치기 커트로 연결한다.

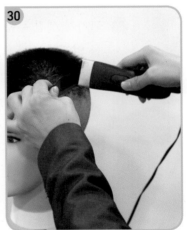

31 ~ 32

면치기 커트 후 단차가 생긴 부분에 3번 빗 잡는 법으로 커트하여 단차를 없앤다.

33 좌측면 커트 후, 뒷면도 동일한 방법으로 면
치기 커트한다.

34 단차가 생긴 부분을 3번 빗 잡는 법으로 단차
를 없앤다.

35 ~ 36

뒷면 커트 후 우측면도 동
일한 방법으로 면치기 커트
한다.

37 ~ 38

천정부와 면치기 커트한 영역이 만나는 지점에서 각이 생긴 부분을 레이어 빗각도로 두상을 따라 둥글게 굴린다.

39 ~ 40

우측면 → 뒷면 → 좌측면의 순으로 돌아가면서 각이 생긴 부분을 둥글게 굴린다.

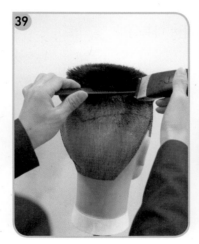

41 클리퍼 커트 후 좌전방에 위치하여, 장가위로 미흡한 부분을 1번 영역부터 다듬는다(빗 각도는 클리퍼 커트와 동일하다).

42 2번 영역도 싱글링하여 다듬는다.

43 3번 영역도 싱글링하여 다듬는다.

44 각이 생긴 부분은 레이어 빗각도로 둥글게 굴려서 다듬는다.

45 ~ 46

싱글링 커트 후, 옆가위질
로 잔머리를 다듬는다.

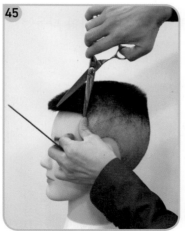
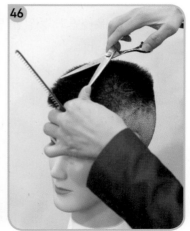

47 그라데이션이 미흡한 부분은 3번 빗 잡는 법
으로 다듬는다.

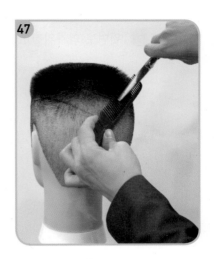

48 짧은 머리카락을 밀어깎기할 때는 왼손 엄지
를 정인에 대고 나머지 손가락들은 두피 지면
에 대고 밀어깎기한다.

49 우측면도 동일한 방법으로 싱글링하여 다듬
는다.

50 윗면도 옆가위질로 미흡한 부분을 다듬는다.

51 ~ **52**

해병대 스타일이 완성된 모
습이다.

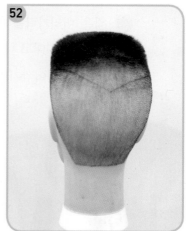

Chapter 11
스트로크 커트
(Stroke Style)

1 ～ **2**

기본 가위로 잡는다. 이때, 가위의 바디 부분을 검지 2관절에 걸치고, 소지는 걸치지 않아도 된다.

 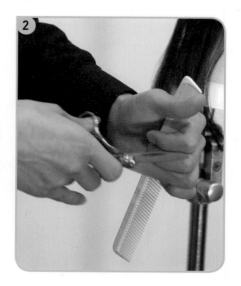

3 　지간가위로 잡는다.

2 사이드 스트로크

1 다리는 어깨 넓이로 벌리고, 이발사 본인 몸의 중앙쪽에서 커트한다. 섹션은 호리즌탈 섹션으로 디자인에 따라 각도를 조절한다.

2 ~ 3

패널을 왼쪽 검지 중지 사이에 잡고, 왼쪽으로 살짝 틀어 가위가 위치할 수 있도록 한다. 가위는 손목 스냅을 사용하여, 오른쪽으로 스윙하며 가위 끝으로 커트한다.

1 다리는 왼발이 앞으로 나와, 패널의 왼쪽면을 보면서 커트한다. 섹션은 버티컬 섹션으로 디자인에 따라 각도를 조절한다.

2 ~ 3

패널을 왼쪽 검지 중지 사이에 잡고, 아래쪽으로 살짝 틀어 가위가 위치할 수 있도록 한다. 가위는 손목 스냅을 사용하여, 위쪽으로 스윙하며 가위 끝으로 커트한다.

4 다운 스트로크

1 다리는 오른발이 앞으로 나와, 패널의 오른쪽을 보면서 커트한다. 섹션은 버티컬 섹션으로 디자인에 따라 각도를 조절한다.

2 ~ 3

패널을 왼쪽 검지 중지 사이에 잡고, 위쪽으로 살짝 틀어 가위가 위치할 수 있도록 한다. 가위는 손목 스냅을 사용하여, 아래쪽으로 스윙하며 가위 끝으로 커트한다.

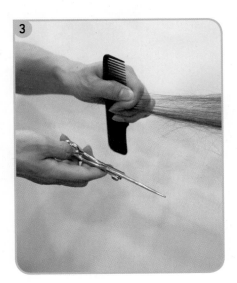

1 ~ **4**

다운 스트로크와 동일한 자세에서 손목을 좌우로 180° 회전하며 패널을 지나갈 때 커트한다.

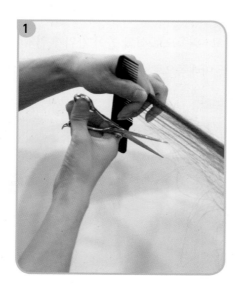

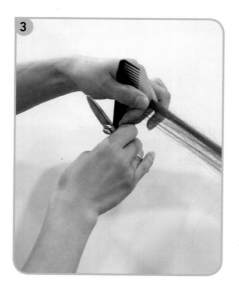

정인이 패널의 안쪽에서 시작하는 경우와, 바깥쪽에서 시작하는
경우 두 가지가 있다.

6 이펙트

1 ~ 2

다음 그림과 같이 두 가지 방법 중 편한 방법으로 가위를 잡는다.

가위를 다물면서 아래로 내려 가위 끝으로 커트한다. 질감 테크닉으로서, 패널을 잡은 왼손에 텐션을 풀고 머리카락을 떨어뜨려 주면서 사이사이 머리를 커트한다.

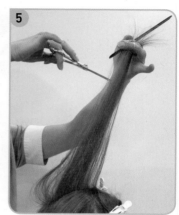

7 슬라이싱

1 ~ 2

가위를 짧게 열고 닫고를 반복하며 표면에서 미끄러지듯이 커트한다.

Chapter 12
슬릭백 스타일
(Sleek Back Style)

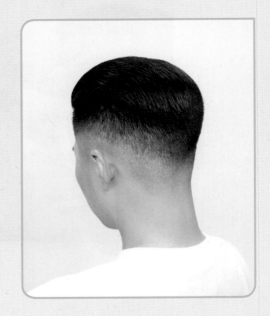

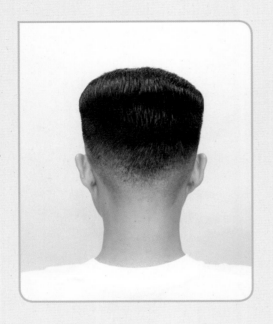

1 커트를 하기 전의 모습이다.

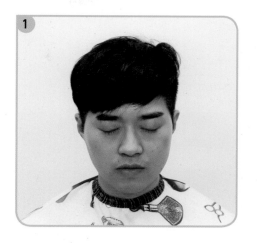

2 양 쪽의 F.S.P와 G.P를 연결하는 컨백스 라인의 파팅을 나눈다.

3 N.P에서 귀 상단까지 클리퍼 2~3㎜로 끌어올리기 하여 그라데이션 커트한다.

4 우측두부는 후대각 라인으로 S.P와
F.S.P 사이까지 끌어올려 그라데이
션 커트한다.

5 우측두부의 후대각 라인과 후두부의
컨백스 라인을 연결하면서 그라데이
션 커트한다.

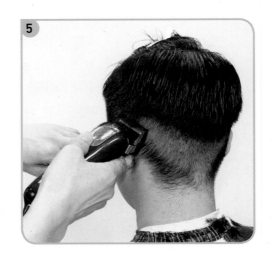

6 좌측두부도 우측두부와 동일하게 커
트하고, 후두부의 컨백스 라인과 자
연스럽게 연결시켜 그라데이션 커트
한다.

7 2~3㎜로 끌어올리기 후 좌측두부에서부터 빗을 사용하여 단차를 없앤다.

8 페이스라인을 정리한다.

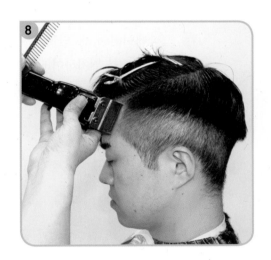

9 이 때 후대각 라인으로 E.B.P 까지 커트한다.

10 반대쪽(우측두부)도 좌측두부와 동
일한 방법으로 커트한다.

11 그라데이션이 잘 안된 부분은 빗살
에 클리퍼를 위치하여 단차를 없애준
다.

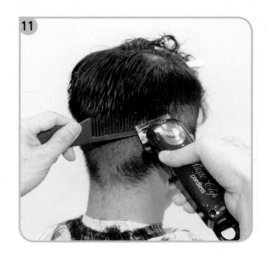

12 측면 커트가 끝난 후 후두부에 위치
하여 컨백스 라인이 되도록 측면의
후대각 라인과 연결하여 커트한다.

13 트리머로 S.P 아래 영역을 깔끔하게 끌어올려 2~3㎜로 커트했던 영역과 자연스럽게 연결한다.

14 후두부는 귀 중간 아래를 깔끔하게 끌어올려 2~3㎜로 커트했던 영역과 자연스럽게 연결한다.

15 연결이 미흡한 부분은 클리퍼를 사선으로 해서 단차를 없애준다.

16 트리머로 페이스 라인을 더 정교하게
다시 정리한다.

17 전기 면도기(0㎜)로 발제선 부분을
깨끗하게 정리한다.

18 틴닝가위를 이용하여 질감처리를 한다.

19 장가위를 이용하여 명함처리가 미흡한 부분을 더 정교하게 다듬어준다.

20 S.P 위쪽은 시술각을 들어 레이어 커트한다.

21 옆가위질을 하여 측면으로 튀어나온 머리카락을 정리한다.

22 인테리어 영역의 길이를 유지하기 위해서 길이커트를 하지 않고 틴닝가위로 질감처리를 먼저한다.

23 가마 부분은 두상각 90°로 질감처리한다.

24 장가위로 지간잡기 1~3번 영역의 잔머리를 다듬어 준다.

25 자연시술각 상태에서 아웃라인을 정리한다. 이 때 E.B.P를 중심으로 얼굴쪽은 전대각, 뒤쪽은 후대각라인으로 커트한다.

26 반대쪽 측면도 E.B.P를 중심으로 뒤쪽은 후대각라인으로 커트한다.

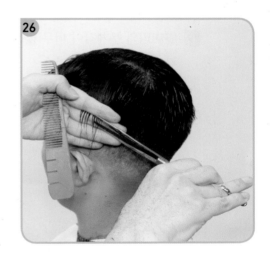

27 얼굴쪽은 전대각으로 커트한다.

28 앞머리 길이를 0°로 정리한다.

29 앞머리의 무게감이 너무 많을 때에는 각도를 들어 층을낸다.

30 옆가위질로 최종 마무리한다.

31 커트가 끝난 후 면도를 하여 잔털을 제거한다.

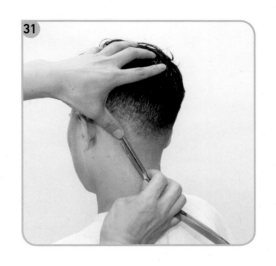

32 슬릭백 스타일이 되도록 올백 방향으로 블로 드라이한다.

33 포마드를 도포한다.

34 매끈하게 뒤로 빗어 넘긴다.

35 ~ **38** 슬릭백 스타일이 완성된 모습이다.

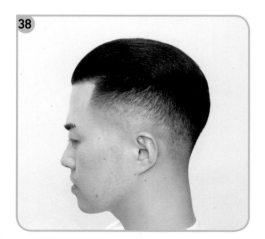

Chapter 13

크롭 컷 스타일
(Crop Cut Style)

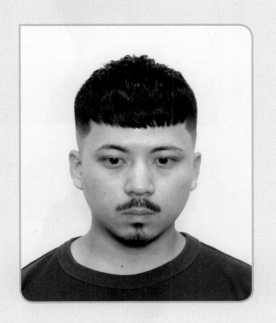

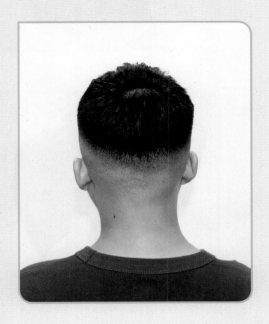

1 커트를 하기 전의 모습이다.

2 양 쪽의 F.S.P와 G.P를 연결하는 컨벡스 라인의 파팅을 나눈다.

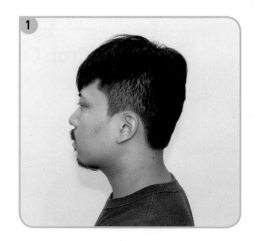

3 클리퍼(0.5㎜)를 뒤집어 좌측두부에 가이드 라인을 형성한다.

4 후두부에 위치하여 B.P에 가이드 라인을 설정한 후 컨백스 라인이 되도록 **3** 번에서 형성된 가이드 라인과 연결한다.

5 반대쪽 측면도 동일하게 작업한다.

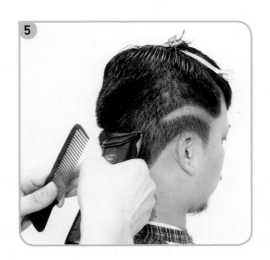

6 0.5mm로 가이드 라인 형성 후 클리퍼 날을 2~3으로 조절하여 그라데이션 커트한다.

7 클리퍼 날을 1㎜로 조절하여 단차가
생긴 부분을 자연스럽게 연결한다.

8 그라데이션 명암이 완성된 모습이다.

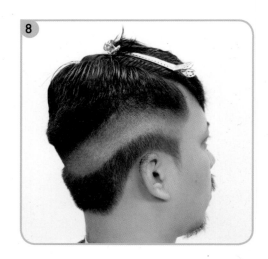

9 **3** 에서 형성된 가이드 라인 아래쪽
을 트리머로 깎아 자연스럽게 연결
한다.

10 좌측두부에서 시작하여 후두부로 이동하며 커트한다.

11 후두부에서 우측두부로 이동하며 동일한 방법으로 커트한다.

12 전기 면도기(0.5㎜)로 발제선 부분을 깨끗하게 정리한다.

13 끌어올리기 작업 후 남성적인 스퀘어 셰이프가 나올 수 있도록 빗을 사용하여 단차를 없앤다.

14 좌측두부에서 시작하여 후두부로 이동하며 커트한다.

15 그라데이션이 미흡한 부분은 빗살에 클리퍼를 위치하여 단차를 없애준다.

16 반대쪽 측면도 동일하게 작업한다.

17 틴닝가위로 질감처리를 한다.

18 질감처리 시 모량의 차이와 무게감
을 확인하며 필요한 부분을 커트해야
한다.

19 클리퍼로 형성했던 가장 위쪽의 가이드 라인을 다시 장가위로 정리하여 선명하게 연출한다.

20 미세하게 튀어나온 요철을 옆가위질로 마무리한다.

21 클리퍼로 커트 후 미흡한 부분을 장가위로 더 정교하게 명암처리한다.

22 미간 정도의 폭으로 버티컬 섹션을
나눈 후 G.P에서 길이를 설정하고
C.P까지 연결한다.

23 22 번을 가이드로 우측두부와 좌측
두부의 영역을 커트한다.

24 측면으로 떨어지는 모발은 자연시술
각으로 빗어 아웃라인을 정리한다.

25 자연시술각 상태에서 앞머리 길이를 설정한다.

26 모량이 많은 부분은 가위 끝을 이용하여 질감처리한다.

27 틴닝가위를 사용하여 가마에서부터 떠내려깎기 기법으로 노멀 테이퍼링한다.

28 모발 끝의 뭉뚝한 부분은 엔드 테이
　　퍼링한다.

29 스타일링 방향의 결을 따라 질감처리
　　한다.

30 장가위로 옆가위질을 한다.

31 브러시를 이용하여 스타일링 방향에 따라 모발을 건조한다.

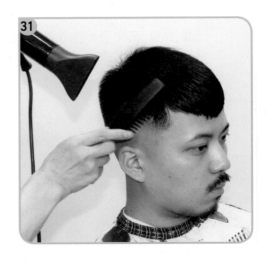

32 모발 건조 후 질감이 부족한 부분을 체크커트한다.

33 가위 끝을 이용하여 부자연스러운 부분의 모량을 제거한다.

34 콧수염을 다듬어준다.

35 커트가 끝난 후 면도를 하여 잔털을
제거한다.

36 원하는 스타일에 따라 포마드 또는
매트 왁스를 도포한다.

37 콤 아웃하여 마무리한다.

38 ~ **41** 크롭컷 스타일이 완성된 모습이다.

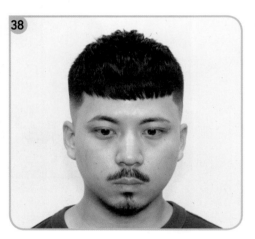

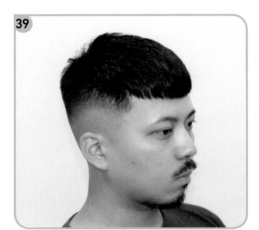

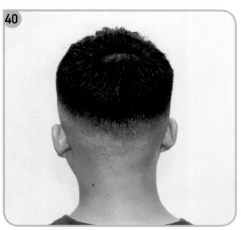

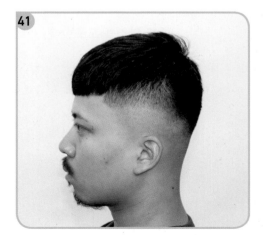

Chapter 14
투블럭 상고
(Two Block Office Style)

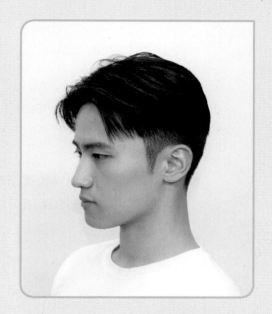

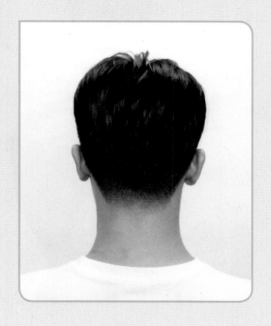

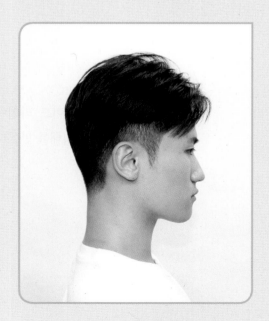

커트 순서

1 커트를 하기 전의 모습이다.

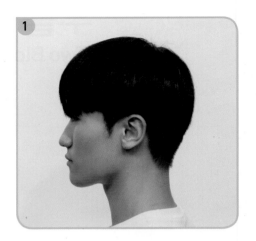

2 F.S.P에서 디스커넥션 할 경계선을 나눈 후 후대각 라인으로 가이드 라인을 형성한다.

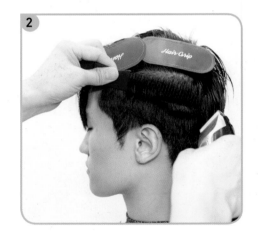

3 2에서 형성된 가이드 라인에 연결하여 떠내려깎기로 형태를 만든다.

4 아웃라인을 정리한다.

5 그라데이션이 미흡한 부분은 빗살
에 클리퍼를 위치하여 단차를 없애
준다.

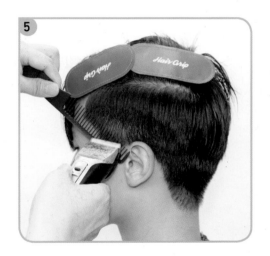

6 E.B.P까지 **1** ~ **5** 와 동일한 방법
으로 후대각 라인이 형성되도록 커트
한다.

7 반대쪽 측면도 동일하게 커트한다.

8 후두부에 위치하여 B.P에 가이드 라
인을 설정한 후 컨백스 라인이 되도
록 측면에서 형성된 가이드 라인과
연결한다.

9 좌측두부로 이동하며 떠내려깎기로
형태를 만든다.

10 네이프 사이드 라인을 정리한다.

11 우측두부로 이동하며 떠내려깎기로
형태를 만든다.

12 네이프 영역은 2~3㎜로 귀 하단까
지 그라데이션 커트한다.

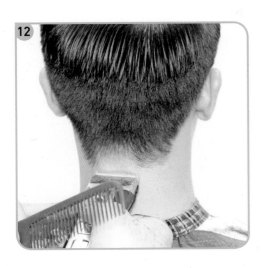

13 컨케이브 라인이 형성되도록 클리퍼를 기울여 그라데이션 커트한다.

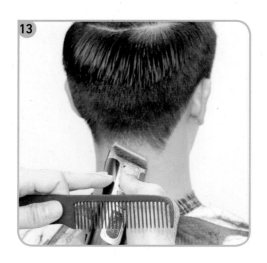

14 N.S.P에 형성된 뾰족한 코너 부분을 자연스럽게 굴려준다.

15 그라데이션이 미흡한 부분은 빗살에 클리퍼를 위치하여 단차를 없애준다.

16 틴닝가위로 모량이 많은 부분을 질감
처리한다.

17 좌측두부에서 우측두부방향으로 이
동하며 커트한다.

18 장가위로 미흡한 부분을 더 정교하게
명암처리 한다.

19 아웃라인을 다듬어준다.

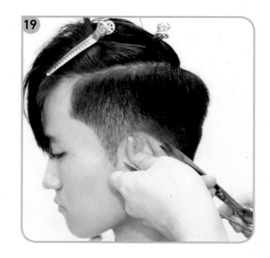

20 미세하게 튀어나온 요철을 옆가위질
로 마무리한다.

21 후두부와 우측두부도 동일하게 작업
한다.

22 클리퍼로 형성했던 가장 위쪽의 가이
   드 라인을 다시 장가위로 정리하여
   선명하게 연출한다.

23 지간잡기 4번 영역을 스퀘어 커트한다.

24 크로스 체크한다.

25 자연시술각 상태에서 E.B.P를 중심으로 얼굴쪽을 전대각 라인으로 커트한다.

26 E.B.P의 뒤쪽은 후대각 라인으로 커트한다.

27 반대쪽 측면도 동일하게 작업한다.

28 지간잡기 1~3번 영역을 스퀘어 커트한다.

29 틴닝가위로 1~3번 영역을 엔드 테이퍼링한다.

30 측면으로 떨어진 모발은 버티컬 섹션으로 테이퍼링한다.

31 모발 끝이 붓 끝처럼 자연스럽게 연출되도록 질감처리한다.

32 장가위로 옆가위질을 한다.

33 자연시술각 상태에서 앞머리 길이를 다듬는다.

34 브러시를 이용하여 스타일링 방향에 따라 블로 드라이한다.

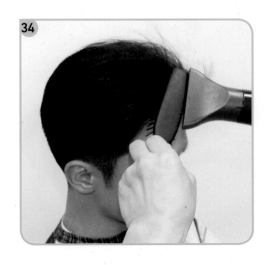

35 커트가 끝난 후 면도를 하여 잔털을 제거한다.

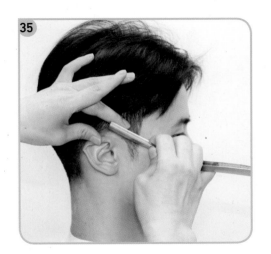

36 포마드를 도포하고 콤 아웃하여 마무리한다.

37 ~ 40 투블럭 상고 스타일이 완성된 모습이다.

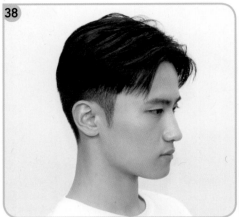

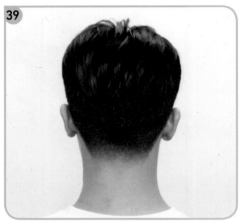

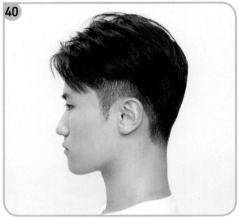

Chapter 15
페이드 포마드 스타일
(Fade Pomade Style)

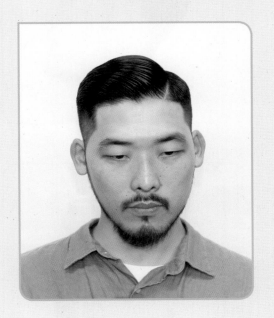

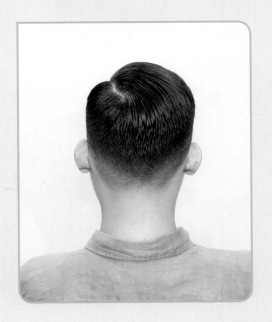

커트 순서

1 커트를 하기 전의 모습이다.

2 사이드 파트를 나눈다.

3 좌측두부에서 클리퍼 2~3㎜로 S.P와 F.S.P 사이까지 후대각 라인으로 끌어 올려 그라데이션 커트한다.

4 B.P까지 그라데이션 커트한 후 컨백스 라인이 형성되도록 좌측두부의 후대각 라인과 연결한다.

5 우측두부도 동일하게 작업한다.

6 우측두부 커트 후 후두부에 컨백스 라인이 형성되도록 우측두부의 후대각 라인과 연결한다.

7 가르마에 의해 튀어나온 모발을 페이스 라인에 맞춰 정리한다.

8 남성적인 스퀘어 셰이프가 나올 수 있도록 빗을 사용하여 단차를 없앤다.

9 좌측두부와 동일한 방법으로 우측두부도 커트한다.

10 측면의 형태를 완성한 후 동일한 방법으로 후두부 중앙에서 시작하여 양쪽의 측면과 컨벡스 라인으로 연결한다.

11 트리머(0.2~3mm)로 페이스 라인을 깔끔하게 정리한다.

12 6 에서 형성된 가이드 라인 아래쪽을 트리머로 깎아 자연스럽게 연결한다.

13 좌측두부 → 후두부 → 우측두부로 이동하며 커트한다.

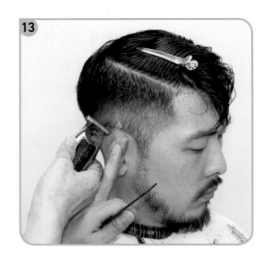

14 그라데이션이 미흡한 부분은 0.5㎜ 로 연결한다.

15 우측두부에서 좌측두부로 이동하며 미흡한 부분을 연결한다.

16 부분적으로 그라데이션이 부족한 부분은 클리퍼 코너를 이용하여 사선으로 연결한다.

17 틴닝가위로 질감처리를 한다.

18 클리퍼로 형성했던 가장 위쪽의 가이드 라인을 다시 장가위로 정리하여 선명하게 연출한다.

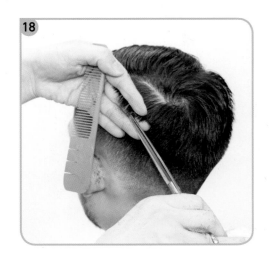

19 장가위를 이용하여 명함처리가 미흡한 부분을 더 정교하게 다듬어준다.

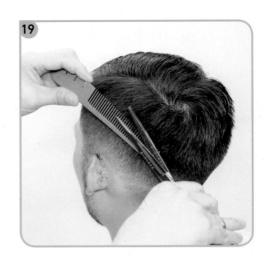

20 아웃라인을 다듬어준다.

21 미세하게 튀어나온 요철을 옆가위질로 마무리한다.

22 가마 앞쪽에서부터 사선으로 파팅하여 틴닝가위로 질감처리한다.

23 앞머리 길이 설정에 따라 뒤쪽으로 오버 디렉션하여 질감처리한다.

24 장가위로 **22** ~ **23**과 동일한 섹션과 시술각으로 모발 끝을 정리한 후 측면으로 떨어지는 모발은 자연시술각으로 빗어 아웃라인을 정리한다.

25 자연시술각 상태에서 앞머리 길이를
설정한다.

26 가르마 부분의 코너 영역을 사선으로
파팅하여 코너를 제거한다.

27 커트가 끝난 후 면도를 하여 잔털을
제거한다.

28 브러시를 이용하여 스타일링 방향에 따라 블로 드라이한다.

29 마무리 빗질을 한다.

30 콤아웃하여 마무리한다.

31 ~ 34 페이드 포마드 스타일이 완성된 모습이다.

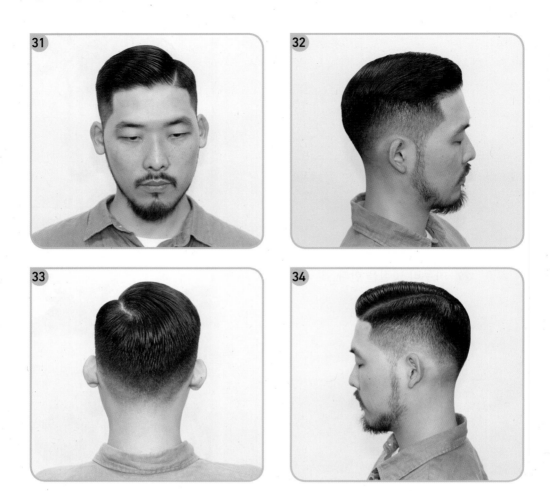

Chapter 16
퐁파두르 스타일
(Pompadour Style)

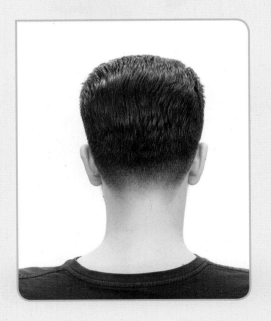

커트 순서

1 커트를 하기 전의 모습이다.

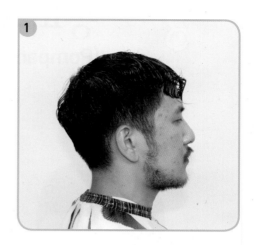

2 양 쪽의 F.S.P와 G.P를 연결하는 컨
백스 라인의 파팅을 나눈 후 후대각 라
인으로 S.P와 F.S.P 사이까지 클리퍼
5~6㎜로 끌어올려 그라데이션 커트한
다.

3 N.P에서 B.P까지 그라데이션 커트한다.

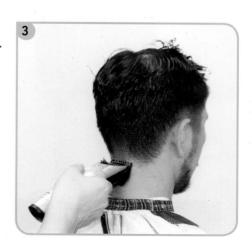

4 B.P를 중심으로 컨벡스 라인이 형성
되도록 그라데이션 커트한다. 이때 우
측두부의 후대각 라인과 연결시킨다.

5 좌측두부도 우측두부와 동일하게 커
트한다.

6 좌측두부의 후대각 라인을 후두부의
컨벡스 라인과 자연스럽게 연결시켜
그라데이션 커트한다.

7 0.5㎜로 아웃라인을 정리한다.

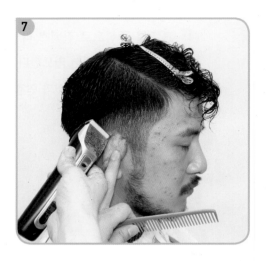

8 그라데이션 단차가 생긴 부분을 남성 적인 스퀘어 셰이프가 나올 수 있도 록 빗을 사용하여 없애준다.

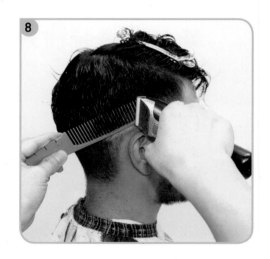

9 우측두부도 좌측두부와 동일한 방법 으로 아웃라인을 정리한다.

10 단차가 생긴 부분은 빗을 사용하여
그라데이션 커트한다.

11 귀 주변은 귀를 다치지 않게 잡고 라
인을 정리해야한다.

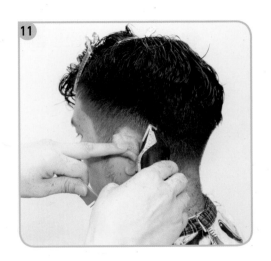

12 후두부에 위치하여 컨백스 라인이 되
도록 측면의 후대각 라인과 연결하여
커트한다.

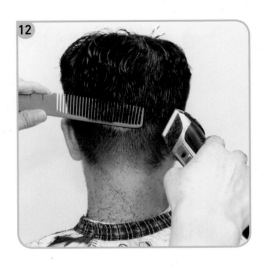

13 터치 기법으로 아웃라인을 정리한다.

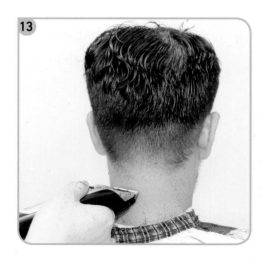

14 네이프 사이드 라인은 클리퍼를 뒤집어서 정리한다.

15 틴닝가위를 이용하여 질감처리를 한다.

16 클리퍼로 형성했던 가장 위쪽의 가이
드 라인을 다시 장가위로 정리하여
선명하게 연출한다.

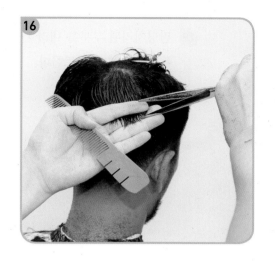

17 장가위를 이용하여 명함처리가 미흡
한 부분을 더 정교하게 다듬어준다.

18 옆가위질을 하여 측면으로 튀어나온
머리카락을 정리한다.

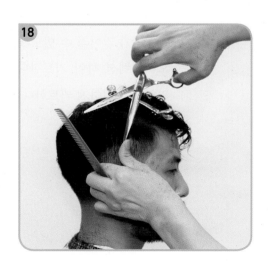

19 핀닝처리된 부분을 내려 가마 부분을 두상각 90°로 커트한다.

20 G.P 길이에 맞춰 지간잡기 1번 영역을 커트한다.

21 앞머리가 길어질 수 있도록 뒤쪽으로 오버디렉션 하여 커트한다, 2~3번 영역도 동일하게 커트한다.

22 가마 부분에서부터 사선으로 파팅하여 코너를 없애준다.

23 측면으로 떨어지는 모발은 자연시술각으로 빗어 아웃라인을 정리한다.

24 앞머리 길이를 0°로 정리한다.

25 틴닝가위로 지간잡기 1번 영역을 노멀 테이퍼링한다.

26 2~3번 영역도 노멀 테이퍼링한다.

27 옆가위질을 하여 측면으로 튀어나온 머리카락을 정리한다.

28 장가위를 이용하여 명함처리가 미흡
한 부분을 정리하여 최종 마무리한다.

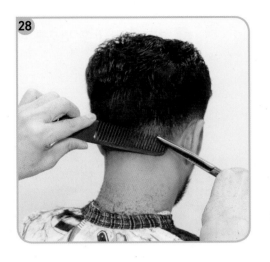

29 페이스라인을 정리한다.

30 콧수염을 다듬어준다.

31 커트가 끝난 후 면도를 하여 잔털을
제거한다.

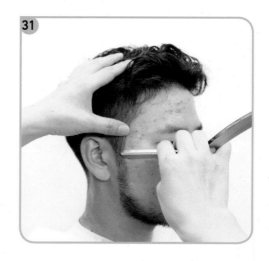

32 브러시를 이용하여 스타일링 방향에
따라 블로 드라이한다.

33 포마드를 도포한다.

34 콤 아웃하여 마무리한다.

35 ~ **38** 퐁파두르 스타일이 완성된 모습이다.

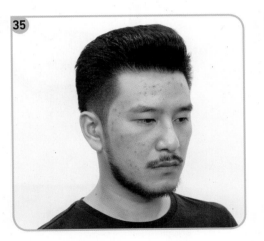

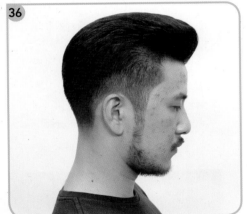

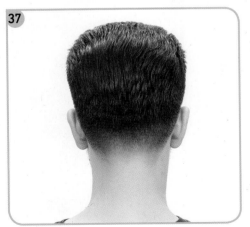

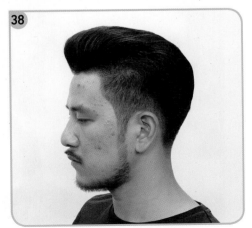

Chapter 17
수염 디자인
(Shaving Design)

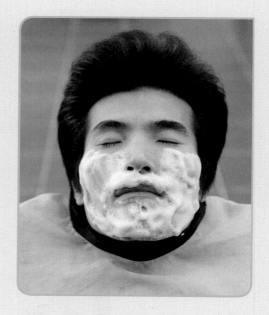

수염 디자인 순서

1

클리퍼 3mm로
콧수염을
깎는다.

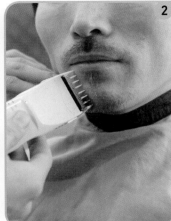

2

클리퍼 3mm로
턱수염을
깎는다.

3

클리퍼 1mm로
콧수염라인을
정리한다.

4

연결동작

5 클리퍼 1mm로 턱수염을 정리한다.

6 턱수염을 옆으로 정리한다.

7 쉐이빙크림 바른 상태

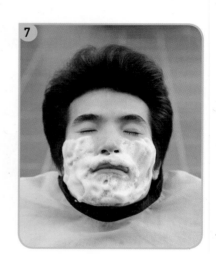

8 얼굴 전체적으로 잔털을 깎는다.

9 우측 푸시핸드 또는 프리핸드로 면도한다.

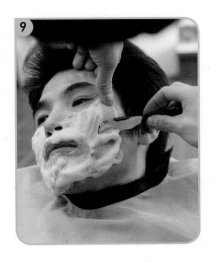

10 클리퍼로 형태를 만들어 놓은 것을 면도기로 콧수염 라인을 면도한다.

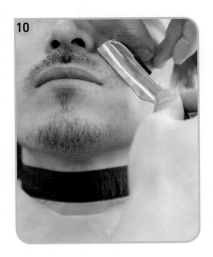

11 턱수염도 라인이 더 선명하게 면도한다.

12 면도가 끝난 후 가위로 턱수염을 다시 정리
한다.

13 연결하여 가위로 정리한다.

14 완성

Part
03

이용장 실기

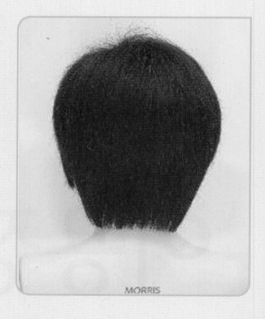

MORRIS

커트 순서

1 C.P에 설정할 가이드의 길이를 잰다.

2 길이에 맞추어 커트한다.

3 T.P에 가이드를 설정한다.

4 G.P에 가이드를 설정한다.

5 C.P와 T.P의 가이드를 연결 커트
한다.

6 T.P와 G.P의 가이드를 연결하여
커트한다.

7 중앙의 가이드에 맞춰 오른쪽을 스퀘어 커트한다.

8 중앙의 가이드에 맞춰 왼쪽을 스퀘어 커트한다.

9 위쪽 가이드에 맞춰 스퀘어 커트한다.

10 G.P의 가이드에 맞춰 레이어 커트한다.

11 위쪽 가이드에 맞춰 스퀘어 커트한다.

12 좌측의 E.P에서 전대각으로 아웃라인을 설정한다.

13 E.P가이드에 맞춰 아웃라인을 후
대각으로 커트한다.

14 N.S.P는 짧아지지 않도록 얼굴쪽
으로 당겨서 커트한다.

15 반대쪽도 E.P에서 전대각으로 커
트한다.

16 빗으로 빗으면서 아웃라인을 체크
한다.

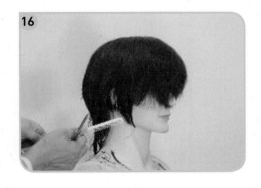

17 E.P에서 N.S.P까지 후대각으로
커트한다.

18 N.P에 설정할 가이드의 길이를
잰다.

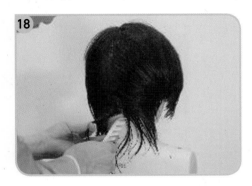

19 길이에 맞추어 커트한다.

20 N.P가이드에 맞춰 수평으로 커트한다.

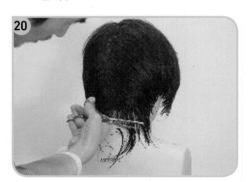

21 B.P에 설정할 가이드의 길이를 잰다.

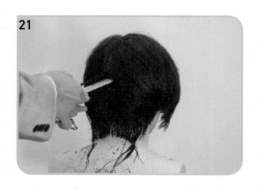

22 길이에 맞추어 커트한다.

23 B.P의 가이드에 맞춰 스퀘어 커트한다.

24 B.P와 N.P의 가이드를 연결한다.

25 B.P와 G.P의 가이드를 연결한다.

26 앞머리 중앙부터 1/2노멀 테이퍼링한다.

27 우측도 1/2 노멀 테이퍼링한다.

28 좌측도 1/2 노멀 테이퍼링한다.

29 천정부 아래영역도 1/2 노멀 테이퍼링한다.

30 우측에서부터 좌측으로 돌아가면서 커트한다.

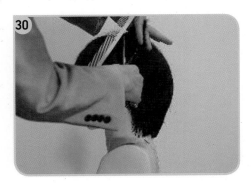

31 아래쪽은 떠내려깎기와 떠올려깎기로 질감처리한다.

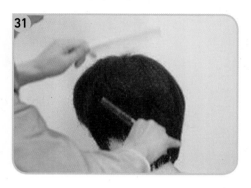

32 아웃라인은 2/3 딥 테이퍼링하여 자연스럽게 한다.

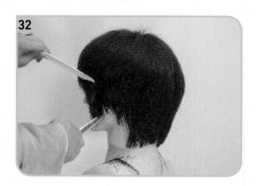

33 B.P 아래영역도 떠올려깎기와 떠내려깎기로 질감처리한다.

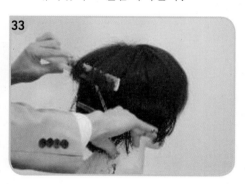

34 모발 끝이 뭉뚝하지 않도록 질감처리한다.

35 아웃라인은 2/3 딥 테이퍼링하여 자연스럽게 한다.

36 좌측도 떠내려깎기와 떠올려깎기로 질감처리한다.

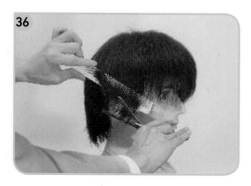

37 아웃라인은 2/3 딥 테이퍼링하여 자연스럽게 한다.

38 체크 커트한다.

39 ~ **42** 완성된 모습이다.

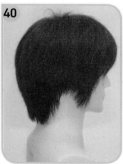

Chapter 02
틴닝(슈퍼)커트
(길이 → 질감 → 수염)

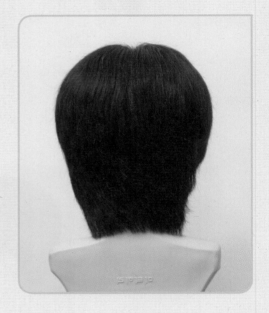

커트 순서

1 정중선을 가른다.

2 측중선을 가른다.

3 뒷면도 정중선을 가른다.

4 좌측 아래에서부터 딥 테이퍼링한다.

5 G.P까지 올라가면서 딥 테이퍼링 한다.

6 좌측 테이퍼링 후 우측도 딥 테이퍼 링한다.

7 G.P까지 올라가면서 딥 테이퍼링 한다.

8 뒷면이 끝난 후 좌측으로 이동하여 딥 테이퍼링한다.

9 E.P 뒤쪽을 후대각 섹션으로 체크 하면서 딥 테이퍼링한다.

10 천정부의 좌측영역을 딥 테이퍼링 한다.

11 좌측 테이퍼링 후 우측도 동일하게 딥 테이퍼링한다.

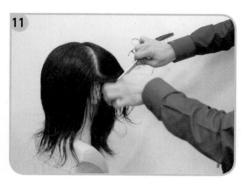

12 E.P 뒤쪽을 후대각 섹션으로 체크 하면서 딥 테이퍼링한다.

13 천정부의 우측 영역을 딥 테이퍼링한다.

14 테이퍼링 후 C.P에 가이드를 설정한다.

15 T.P에 가이드를 설정한다.

16 G.P에 가이드를 설정한다.

17 C.P와 T.P의 가이드를 연결한다.

18 T.P와 G.P의 가이드를 연결한다.

19 중앙의 가이드에 맞춰 우측 영역을 스퀘어 커트한다.

20 중앙의 가이드에 맞춰 좌측 영역을 스퀘어 커트한다.

21 E.P에 가이드를 설정한다.

22 E.P의 가이드와 천정부를 연결한다.

23 중앙의 가이드에 맞춰 E.P 앞 쪽 영역을 커트한다.

24 중앙의 가이드에 맞춰 E.P 뒤쪽 영역을 커트한다.

25 반대쪽 측면도 E.P에서 가이드를 설정한다.

26 E.P와 천정부를 연결한다.

27 중앙의 가이드에 맞춰 커트한다.

28 B.P에 가이드를 설정한다.

29 B.P의 가이드에 맞춰 스퀘어 커트한다.

30 N.P의 가이드를 설정한다.

31 N.P의 가이드에 맞춰 수평선으로 커트한다.

32 N.P와 B.P의 가이드를 연결한다.

33 우측 영역도 가운데로 당겨 사이드 베이스로 연결한다.

34 좌측 영역도 가운데로 당겨 사이드 베이스로 연결한다.

35 B.P와 G.P 사이의 영역을 연결한다.

36 아웃라인의 테이퍼링이 미흡한 부분에 딥 테이퍼링한다.

37 모발 끝 부분은 떠올려깎기로 테이퍼링한다.

38 테이퍼링이 미흡한 부분을 체크한다.

39 측면도 테이퍼링이 미흡한 부분이 없는지 체크한다.

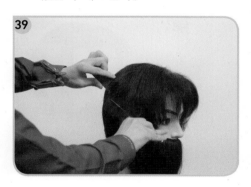

40 천정부 영역은 잡아서 체크한다.

41 측면도 미흡한 부분이 없는지 잡아서 체크한다.

42 길이 커트가 완성된 모습이다.

43 수염은 눈꼬리에서 섹션을 나눈다.

44 반대쪽도 눈꼬리에서 섹션을 나눈다.

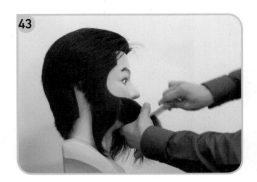

45 귀 중간 지점에서 나눈다.

46 콧수염과 턱수염이 될 부분을 제외하고 클리퍼로 밀어준다.

47 반대쪽도 동일하게 한다.

48 1㎜로 아웃라인을 정리한다.

49 반대쪽도 동일하게 다듬는다.

50 입꼬리에서 콧수염과 턱수염을 나눈다.

51 콧수염 부분을 딥 테이퍼링한다.

52 콧수염 길이에 맞춰 커트한다.

53 턱수염도 딥 테이퍼링한다.

54 턱수염 길이에 맞춰 커트한다.

55 각도를 0°로 낮추고 유니폼으로 커트한다.

56 사선으로 섹션을 나눠 구레나룻 부분을 정리한다.

57 아웃라인을 정리한다.

58 반대쪽도 동일하게 커트한다.

59 ~ **62** 완성된 모습이다.

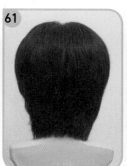

Chapter 03

클래식 올백

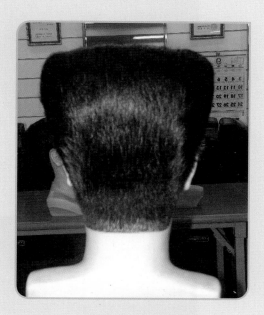

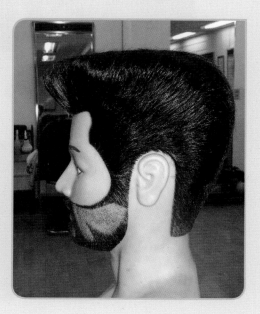

1 G.B.M.P부터 시작한다.

2 C.P 앞쪽을 드라이한다.

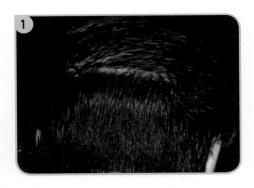

3 양쪽 백사이드와 측두선을 'ㄱ'자
섹션 방향으로 동일하게 드라이한다.

4 양쪽 사이드 드라이 후 사선 섹션
으로 드라이한다.

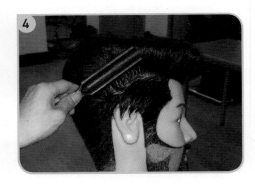

5 사이드 부분을 드라이
열로 붙인다.

6 일자빗으로 빗질한다.

7 돈모 브러시로 마무리
한다.

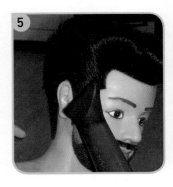

Chapter 04
클래식 맘보

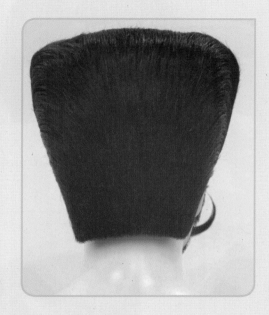

1 G.B.M.P 드라이를 시작한다.

2 T.P ~ G.P 사이 좌측으로 대각선 드라이한다.

3 머리카락 끝부분을 연결 드라이한다.

4 C.P ~ T.P 사이 우측으로 대각선 드라이한다.

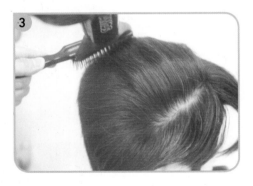

5 C.P ~ F.S.P까지 연결하여 드라이 한다.

6 좌측 F.S.P를 수정하면서 드라이 한다.

Chapter 05
클래식 옆 가르마

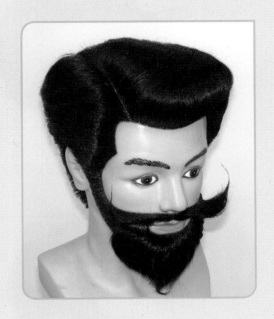

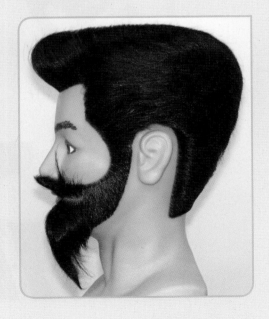

1 윗머리 중앙 우측부터 브러시로 드라이한다.

2 T.P ~ G.P 사이 좌측으로 대각선 드라이한다.

3 G.P 부분을 좌측 방향으로 드라이한다.

4 좌측 방향으로 빗질한다.

5 일자빗으로 곱게 연결한다.

6 앞머리 완성

Chapter 06
클래식 반 가르마

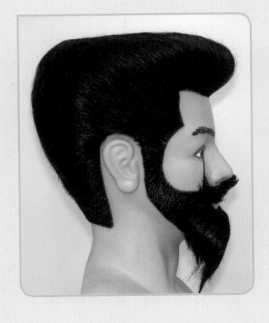
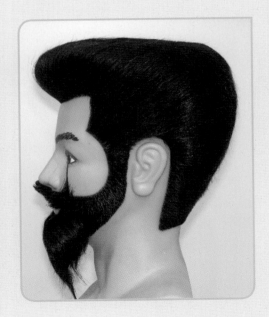

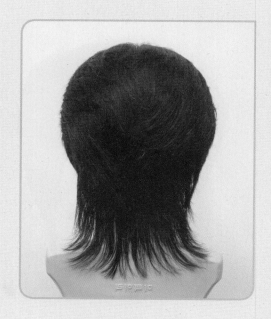

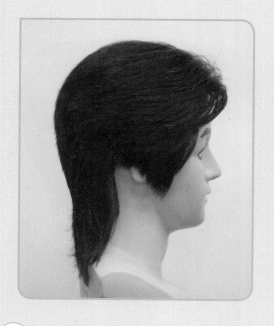

커트 순서

1 정중선과 측중선을 나누어 4등분 블로킹한다.

2 뒷면의 왼쪽 아래에서부터 딥 테이퍼링한다.

3 G.P를 향해 섹션을 떠서 올라간다.

4 우측도 좌측과 동일하게 딥 테이퍼링한다.

5 좌측으로 이동하여 E.P의 앞 쪽을 딥 테이퍼링한다.

6 천정부의 왼쪽영역을 딥 테이퍼링한다.

7 E.P의 뒤쪽을 체크한다.

8 우측으로 이동하여 E.P의 앞쪽을 딥 테이퍼링한다.

9 천정부의 오른쪽 영역을 딥 테이퍼링한다.

10 G.P를 향해 섹션을 타면서 딥 테이퍼링한다.

11 E.P의 뒤쪽을 체크한다.

12 C.P에 가이드를 설정한다.

13 T.P에 가이드를 설정하여 C.P와 연결한다.

14 G.P에 가이드를 설정하여 T.P와 연결한다.

15 중앙의 가이드에 맞춰 우측을 스퀘어 커트한다.

16 좌측도 스퀘어 커트한다.

17 E.P에 가이드를 설정한다.

18 S.C.P에 가이드를 설정한다.

19 E.P와 S.C.P를 전대각으로 연결한다.

20 천정부와 아래쪽 가이드를 연결한다.

21 E.P의 뒤쪽도 천정부와 연결한다.

22 좌측 E.P에 가이드를 설정한다.

23 좌측 S.C.P에 가이드를 설정한다.

24 E.P와 S.C.P를 전대각으로 연결한다.

25 천정부와 아래쪽 가이드를 연결한다.

26 B.P에 가이드를 설정한다.

27 B.P의 가이드에 맞춰 스퀘어 커트한다.

28 B.N.M.P에 가이드를 설정한다.

29 B.N.M.P의 가이드에 맞춰 스퀘어 커트한다.

30 B.P와 B.N.M.P를 연결한다.

31 N.P에 가이드를 설정한다.

32 N.P의 가이드에 맞춰 수평선으로 커트한다.

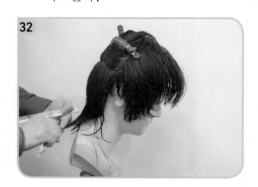

33 N.P와 B.N.M.P를 연결한다.

34 B.P와 G.P를 연결한다.

35 연결이 잘 되었는지 체크 커트한다.

36 네이프 사이드 라인을 다듬는다.

37 반대쪽 네이프 사이드 라인을 다듬
는다.

38 테이퍼링이 미흡한 부분을 체크한다.

39 아웃라인을 다듬는다.

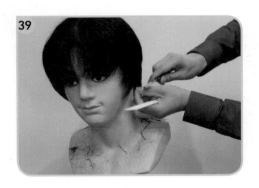

40 마지막으로 잡아서 체크 커트한다.

41 ~ **44** 완성된 모습이다.

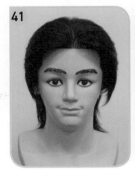

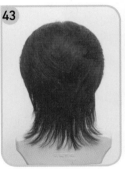

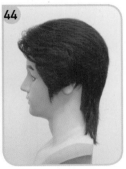

Chapter 08
아이론

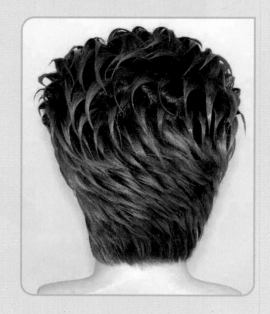

1 왼쪽 측두선 부분을 아이론으로 뿌리를 고정한다.

2 앞머리는 사선으로 아이론 시술을 한다.

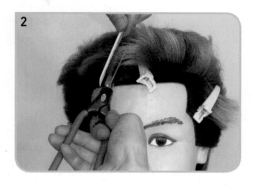

3 도면과 일치하는 방향으로 뿌리를 고정한다.

4 뒷머리도 동일하게 사선으로 뿌리를 고정한다.

5 왁스나 젤을 사용해서 작은 섹션을 떠서 모양을 만든다.

6 사이드 아래쪽은 섹션 굵기를 더 작게 만든다.

7 뒷면은 S자 흐름으로 모양을 만든다.

8 왼쪽 S.P 아래쪽을 붙인다.

9 뒤쪽 잔머리를 붙인다.

10 앞머리를 콤아웃한다.

11 스프레이로 고정시킨다.

12 사이드도 스프레이로 고정시킨다.

Chapter 09
하프 스포츠

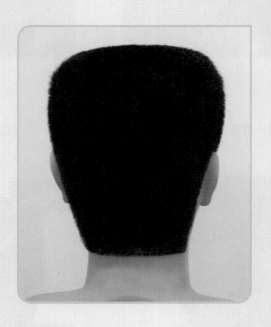

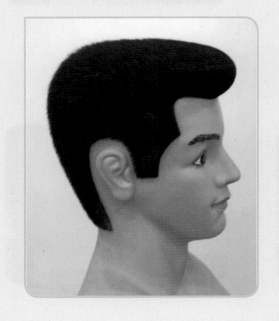

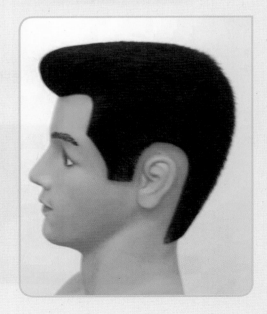

1 브러시로 앞머리 형태를 잡는다.　　**2** 탑부터 수평을 잡는다.

3 좌측 사이드각을 잡는다.　　**3** 우측각을 잡는다.

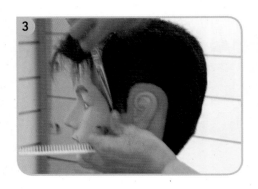

5 네이프 센터 좌·우각을 잡는다.　　**6** 아웃라인을 정리한다.

7 옆가위로 다듬는다.

8 앞머리를 체크한다.

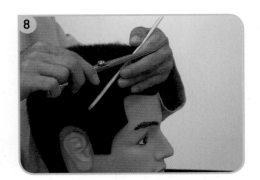

9 마무리 옆가위를 한다.

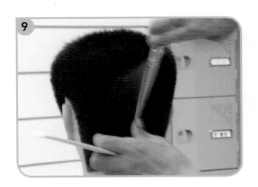

10 브러시로 앞머리를 드라이한다.

11 돈모 평면 솔 브러시로 잔머리를 가라앉힌다.

12 연결동작

헤어디자인

(남성작품)

Hair Design(Men's Work)

✂ Chapter 01

클래식 스타일 (Classic Style)

클래식 스타일은 남성의 고전형 드라이 작품으로, 사각의 형태를 부각하면서 수염 디자인과 함께 표현하는 것이 특징이다. 작품의 표면은 매끄러운 직선이며, 윗면은 수평을 유지한다. 면과 면이 만나는 모서리 부분은 곡선의 형태로, 전체적인 각도는 70~90° 의 사각의 형태로 이루어져 있다. 수염 디자인은 롱 스타일, 미디엄 스타일, 숏 스타일, 혼합형 스타일에 걸쳐 다양하게 디자인할 수 있다. 롱 수염의 디자인에는 주로 직선보다는 곡선을 사용하며, 숏 수염의 디자인은 곡선보다 직선을 많이 적용한다. 남성의 강인함이 나타낼 수 있는 가장 대표적인 디자인 구성이다. 클래식 작품의 대표적인 스타일에는 올백 스타일, 가르마 스타일, 맘보 스타일 등이 있는데, 클래식 작품은 기능올림픽, 이용 기능장에서 출제되고 있다. 헤어살롱에서도 클래식 작품을 응용하여 남성 헤어디자인을 표현하는데 조형적 특성들을 많이 활용하고 있다.

디자인 요소에 따른 클래식 스타일의 조형적 특성

디자인 요소	조형적 특성
형태	• 윗면은 수평을 유지 • 면과 면이 만나는 모서리는 곡선의 형태 • 전체적인 사각의 각도는 70~90°
질감	• 매끄러운 표면
색채	• 주로 염색을 하지 않은 흑색이 많음

종류 1   반 가르마 스타일(Half Style)

좌측에서 측중선까지 반 가르마를 낸 스타일로, 완 가르마에 비해 가르마 길이가 짧다. 앞 머리의 높이를 살짝 낮추어 전체적으로 부드러운 사각형태로 디자인되었으며, 표면이 매 끄럽게 빗질 되어 있다.

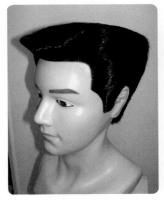

| 정면 | 옆면 | 후면 |

종류 2   올백 스타일(All Back Style)

클래식의 가장 대표적인 스타일로 머릿결이 뒤로 넘어가는 올백 스타일이다. 사각형태에 맞춰 매끄럽게 빗질 되어 있다.

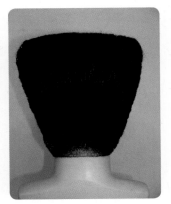

| 정면 | 옆면 | 후면 |

맘보 스타일(Mambo Style)

아치 돔의 형태로 이마 비율에 맞추어 높이고 결은 곡선으로 좌측에서 우측으로 매끄럽게 빗질된 사각형태이다. 콧수염은 아치형이고, 턱수염은 조각인 혼합형 디자인으로 되어 있다.

| 정면 | 옆면 | 후면 |

맘보 모디파이 스타일(Mambo Modify Style)

앞머리의 결은 좌측에서 우측으로 향하며, 사각형태로 매끄럽게 빗질 되어 있다. 수염은 건축의 고딕양식을 응용하여 조각디자인으로 되어 있다.

| 정면 | 옆면 | 후면 |

맘보 볼트 스타일(Mambo Vault Style)

볼트 느낌을 살려 결은 굵은 빗을 사용하여 굴곡있게 빗질 되어있다. 이마 비율에 맞추어 높이를 조절하고 좌측에서 우측으로 매끄럽게 빗질된 사각형태이다. 콧수염은 조각으로 불규칙하게 디자인 되어 있다.

| 정면 | 옆면 | 후면 |

스파이럴 스타일(Spiral Style)

결은 뱅을 중심으로 한 매끄러운 나선형으로 빗질 되어 있다. 전체적인 형태는 사각으로, 앞머리 비율에 맞추어 높이를 조절되어있다. 콧수염은 조각으로 기본수염 디자인이다.

| 정면 | 옆면 | 후면 |

Part 04 1. 클래식 스타일

Chapter 02

퍼머넌트 웨이브 스타일
(Permanent Wave Style)

퍼머넌트 웨이브 스타일은 롯드 또는 아이론을 이용하여 모발에 퍼머넌트 웨이브를 한 후 클래식 작품과 같이 전체적으로 75~90°의 사각형태 안에서 컬을 살려 세팅한 작품이다. 윗면, 옆면, 뒷면은 평평한 면으로 모발 끝을 가벼운 질감으로 표현하여 컬의 생동감 있는 느낌과 컬의 방향을 잘 살려주며, 주로 염색은 하지 않는다. 우측 또는 좌측으로 앞머리가 떨어지는 맘보 스타일을 많이 디자인하며 머릿결이 잘 표현될 수 있도록, 모발이 손상이 되지 않도록 주의해야 한다. 기능대회 작품에 많이 출제되고 있으며, 헤어살롱에서는 남성의 펌 스타일에 많이 활용되고 있다.

디자인 요소에 따른 클래식 스타일의 조형적 특성

디자인 요소	조형적 특성
형태	• 부드러운 둥근 사각형의 형태 • 매쉬의 중심부분은 직선, 테두리 부분은 곡선 • 베이스의 외각 선은 주로 직선의 커트라인
질감	• 매쉬 : 모발 끝으로 갈수록 가벼운 질감 • 베이스 : 매쉬보다는 무겁지만 모발 끝으로 갈수록 가벼운 질감
색채	• 작품과 어울리는 다양한 색채 선정 • 활동적이고 젊은 느낌의 색채 선정

라이트 맘보 스타일(Right Mambo Style)

앞머리는 우측에서 좌측으로 떨어지도록 두 단의 웨이브를 만들었다. 전체적으로 라운드 사각형태로 네이프를 짧게 커트하여 부드러운 남성의 이미지로 표현했다.

| 정면 | 옆면 | 후면 |

살롱 스타일(Salon Style)

남성 작품의 사각형태에서 웨이브의 흐름이 위로 올라가지 않고 아래로 떨어지는 남성 롱 스타일로, 살롱에서 많이 한다.

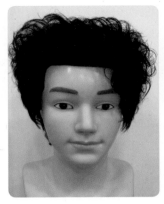  

| 정면 | 옆면 | 후면 |

Part 04. 2. 퍼머넌트 웨이브 스타일

레프트 맘보 스타일(Left Mambo Style)

앞머리는 우측에서 좌측으로 떨어지도록 두 단의 웨이브를 만들었다. 전체적으로 사각형태를 잡아 남성의 강한 느낌을 표현하였고, 네이프를 2㎝ 길이로 커트한 작품이다.

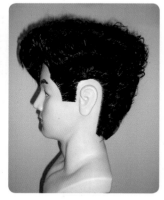
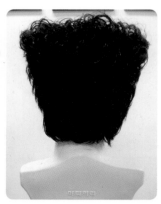

| 정면 | 옆면 | 후면 |

투 블록 섹시 스타일(Two-block Sexy Style)

남성 작품의 사각형태에서 요즘 트렌드인 투 블록으로 커트한 스타일이다. 남성적이면서 섹시하게 표현한 퍼머넌트 웨이브 작품이다.

| 정면 | 옆면 | 후면 |

Chapter 03

스트럭처 스타일
(Structure Style)

스트럭처 스타일은 클래식 작품과 같은 70~90°의 사각형태 안에서, 표면에 두 개 혹은 그 이상의 웨이브를 드라이로 세팅하는 작품이다. 클래식은 전체적인 외각의 형태와 표면의 구성들이 직선으로 이루어졌지만 스트럭처는 전체적으로 직선의 외각 안에서 물결이 흐르듯 연결되는 C와 C가 만나는 곡선으로 이루어져 있다. 표면의 웨이브의 흐름은 면과 면이 자연스럽게 연결될 수 있도록 창의적으로 표현한다. 색채는 작품의 스타일과 어울리도록 화려하지 않은 자연스러운 색채를 선정하며, 그라데이션의 염색 기법으로 웨이브 흐름의 느낌을 더욱 살린다. 작품에 따라서 수염도 다양하게 디자인할 수 있으며, 주로 롱 수염보다는 숏 조각수염의 디자인이 많다. 스트럭처 작품의 대표적인 스타일에는 올백스타일이 있으며 웨이브의 흐름에 따라 다양한 스타일을 연출할 수 있다.

디자인 요소에 따른 클래식 스타일의 조형적 특성

디자인 요소	조형적 특성
형태	• 외각은 직선 • 면 안에 C와 C가 만나는 곡선으로 구성 • 전체적인 사각의 각도는 70~90°
질감	• 가벼운 질감 • 매끄러운 표면
색채	• 화려하지 않은 자연스러운 색채 • 그라데이션의 염색기법 응용

올백 스타일(All Back Style)

외각의 사각형태 안에서 앞에서부터 뒤로 흘러가는 웨이브의 흐름이 표현된 작품이다. 오렌지 색상으로 부드러운 남성의 이미지를 표현하였다.

| 정면 | 옆면 | 후면 |

종류 2 **올백 크로스 스타일(All Back Cross Style)**

외각의 사각형태 안에서 표면에는 바깥쪽에서부터 안쪽으로 모이는 웨이브의 흐름이 대칭으로 표현된 작품이다. 채도가 낮은 오렌지 색상을 선정하여 자연스러우면서도 생동감있는 작품으로 표현하였다.

| 정면 | 옆면 | 후면 |

스파이럴 볼트 스타일(Spiral Vault Style)

외각의 사각형태 안에서 윗면에는 나선형으로, 사이드와 뒷면은 역동적인 볼트 느낌으로 잘 표현한 물결웨이브이다. 브라운 컬러로 자연스러우면서도 생동감 있게 표현하였다.

| 정면 | 옆면 | 후면 |

실드 스타일(Shield Style)

외각의 사각형태 안에서 윗면은 나선형 방패형태로 디자인 하였고, 뒷면은 볼트 느낌의 반복 디자인 하였다. 컬러는 자연스러운 브라운 컬러로 하이라이트를 주어 선명하고 생동감 있게 표현하였다.

| 정면 | 옆면 | 후면 |

Part 04　3. 스트럭처 스타일

리버스 스타일 l(Reverse Style 1)

외각의 사각형태 안에서 네이프와 사이드에서 시작된 웨이브의 흐름이 위쪽을 향하도록
표현한 작품이다. 파스텔톤의 색상으로 부드러운 웨이브의 흐름을 돋보이게 표현하였다.

| 정면 | 옆면 | 후면 |

스파이럴 볼트 스타일(Spiral Vault Style)

외각의 사각형태 안에서 윗면은 나선형으로, 사이드와 뒷면은 역동적인 볼트 느낌으로 잘
표현한 물결웨이브이다. 오렌지 컬러로 자연스러우면서도 생동감 있는 작품으로 표현하
였다.

| 정면 | 옆면 | 후면 |

Chapter 04

영 패션 스타일
(Young Fashion Style)

영 패션 스타일은 부드러운 둥근 사각형의 형태로 롱 스타일과 숏 스타일로 구분이 되는데, 일반적으로 헤어디자인 대회에서는 롱 스타일을 다루고 있다. 영 패션 스타일의 형태적 디자인은 크게 매쉬 부분과 베이스 부분으로 나눠진다. 매쉬의 중심 부분은 건축의 고딕양식처럼 위로 뻗치는 직선으로, 베이스와 연결되는 중심의 테두리 부분에는 곡선으로, 베이스 부분의 외각선은 주로 직선으로 표현한다. 색채는 작품의 디자인에 어울리도록 활동적이고 젊은 느낌이 나는 다양한 색채를 선정하고, 그라데이션 기법을 활용하여 매쉬의 끝으로 갈수록 가벼워 보이는 느낌을 살려준다.

수염 디자인에 있어서도 과거에는 다양한 형태와 색채, 질감을 사용하여 작품과 어울리는 창의적인 작품을 만들었으나 기능올림픽에 과제 출제에서 없어지고 있는 추세이다.

영 패션 작품은 기능올림픽과 이용기능장에서 출제되고 있는데, 기능올림픽에서는 다양한 컬러로 작품을 표현하고 이용기능장에서는 컬러가 없이 출제되고 있다. 또한 헤어 살롱에서는 영 패션 디자인을 남성 헤어디자인의 트렌드 작품으로 많이 활용하고 있다.

디자인 요소에 따른 클래식 스타일의 조형적 특성

디자인 요소	조형적 특성
형태	• 부드러운 둥근 사각형의 형태 • 매쉬의 중심부분은 직선, 테두리 부분은 곡선 • 베이스의 외각 선은 주로 직선의 커트라인
질감	• 매쉬 : 모발 끝으로 갈수록 가벼운 질감 • 베이스 : 매쉬보다는 무겁지만 모발 끝으로 갈수록 가벼운 질감
색채	• 작품과 어울리는 다양한 색채 선정 • 활동적이고 젊은 느낌의 색채 선정

파운틴 어시메트릭 스타일(Fountain Asymmetric Style)

요즘 트렌드인 비대칭스타일을 반영한 영 패션 스타일로, 매쉬 부분은 직선과 곡선으로 분수를 표현한 작품이다. 백 부분은 노랑 컬러로 크로스로 포인트를 주어 자연스럽게 표현한 스타일이다.

| 정면 | 옆면 | 후면 |

스코피온 스타일 1(Scorpion Style 1)

요즘 트렌드 비대칭스타일을 반영한 영 패션 스타일로, 매쉬 부분은 곡선 아치를 사용하였으며, 오렌지 컬러로 발가락을 표현하였다. 백 중앙 부분은 청색과 하이라이트로 전갈이 빠르게 움직이는 모양을 표현한 작품이다.

정면　　　　　　　　　옆면　　　　　　　　　후면

투 블록 파운틴 스타일(Two-block Fountain Style)

전체적으로 둥근 사각형 느낌의 짧은 스타일의 영 패션이다. 오렌지 컬러로 활동감을 주고 매쉬 부분의 그라데이션의 색상으로 가벼운 질감을 표현한 작품이다.

| 정면 | 옆면 | 후면 |

글래스 블레이드 스타일(Grass-blade Style)

요즘 트렌드인 비대칭을 반영한 영 패션 스타일로 매쉬 부분은 직선과 곡선으로 베이스와 자연스럽게 연결하였고, 앞머리의 깔끔한 직선커트와 그라데이션 색채 선정으로 자연스럽게 마무리하였다.

| 정면 | 옆면 | 후면 |

Part 04. 4. 영 패션 스타일

종류 5 　팜 트리 스타일(Palm Tree Style)

요즘 트렌드인 비대칭스타일을 반영한 영 패션 스타일로 매쉬 부분은 직선과 곡선으로 건조한 야자나무를 표현한 작품이다. 브라운 컬러와 하이라이트로 포인트를 주어 자연스럽게 표현한 스타일이다.

정면

옆면

후면

종류 6 　포레스트 스타일(Forest Style)

기존의 영 패션 스타일에서 벗어나 구성된 작품으로 매쉬 부분의 질감을 가볍게 하고, 초록색의 색채 선정과 자연스러운 그라데이션 기법으로 잔디의 느낌의 머릿결이 표현되어 있다.

정면

옆면

후면

로터스 스타일(Lotus Style)

전체적으로 둥근 사각형의 느낌을 연출한 스타일로 연꽃을 표현한 작품이다. 여성스러워 보이지 않도록 오렌지와 보라 컬러를 매치하고, 매쉬는 가닥가닥 뽑아 매끄럽게 하여 연꽃을 표현한 작품이다.

정면

옆면

후면

종류 8 시 아네모네 스타일(Sea Anemone Style)

전체적으로 둥근 사각형의 느낌이 나는 스타일로 화려한 말미잘을 표현한 작품이다. 여성스러워 보이지 않도록 파랑과 노랑, 오렌지 컬러로 매쉬를 가닥가닥 뽑아 매끄럽게 말미잘의 움직임을 표현한 작품이다.

정면

옆면

후면

스코피온 스타일 2(Scorpion Style 2)

요즘 트렌드인 비대칭스타일을 반영한 영 패션 스타일로 매쉬 부분은 곡선 아치를 사용하였으며, 전갈이 움직이지 않고 정지된 형태이다. 오렌지 컬러와 녹색 컬러를 사용하여 발가락과 머리를 표현하였다. 백 중앙부분의 적색은 독을 나타내는 작품이다.

| 정면 | 옆면 | 후면 |

종류 1 팜 트리 스타일 2(Palm Tree Style 2)

요즘 트렌드인 비대칭스타일을 반영한 영 패션 스타일로 매쉬 부분은 직선과 곡선으로 야자나무를 표현한 작품이다. 초록색과 연두색을 사용하여 잎을, 오렌지색과 노란색을 사용하여 열매를 표현하였다.

| 정면 | 옆면 | 후면 |

레드 팜 트리 스타일(Red Palm Tree Style)

요즘 트렌드인 비대칭스타일을 반영한 스타일로 매쉬 부분은 직선과 곡선으로 되어 있다. 전체적인 형태는 남성적인 사각의 형태로 야자나무가 노을에 비추어 보이는 것을 표현한 작품이다. 컬러는 적색으로 뜨거운 태양을 표현하였다.

정면   옆면   후면

Chapter 05

아방가르드 스타일
(Avant-garde Style)

과거에 프로그래시브 스타일(Progressive Style)이 역동성과 진보적으로 표현한 작품이었다면 아방가르드 스타일은 좀 더 진화되고 창조적인 남성 작품이다. 주로 단 커트와 조각 커트 디자인이 많고 직선과 곡선, 면, 점 모든 요소들을 활용하여 무거운 느낌, 가벼운 느낌, 부드러운 느낌 등 다양한 질감들을 입체감있게 표현한다. 작품과 어울리는 독창적이고 화려한 색채를 선정하여 작품의 개성을 잘 살릴 수 있도록 하는 것이 그 특징이다.

수염 디자인은 헤어스타일에 어울리는 창의적이고 개성이 넘치는 스타일로 다양한 길이와 질감, 색채를 사용하여 표현한다. 아방가르드 작품은 주로 기능올림픽에서 출제되고 있는데, 도면보다는 창작의 작품으로 제시되고 있는 것이 특징이다. 아방가르드 조형적 특성은 다음 과 같다.

디자인 요소에 따른 클래식 스타일의 조형적 특성

디자인 요소	조형적 특성
형태	• 주로 단 커트와 조각커트 디자인이 많음 • 다양한 형태를 활용
질감	• 다양한 질감을 활용
색채	• 작품과 어울리는 다양한 색채 선정 • 독창적이고 작품의 개성을 잘 살릴 수 있는 색채 선정

컴배트 스타일(Combat Style)

전투를 표현한 작품으로 앞머리 떨어지는 판넬은 방패, 사이드 가닥 매쉬는 화살, 백 부분은 무기를 싣고 이동하는 느낌을 주었다. 구레나룻 디자인은 번개를 표현하여 날씨를 연상되게 하였으며, 조합된 스타일로 다양한 색채선정과 화려한 그라데이션으로 작품의 개성이 돋보이게 표현된 작품이다.

| 정면 | 옆면 | 후면 |

어 필 리자드 스타일(A frilled lizard Style)

아치형 목도리도마뱀과 나비를 형상화한 작품으로, 끝으로 갈수록 가벼워지는 질감처리와 밝아지는 그라데이션으로 도마뱀과 나비를 잘 표현한 작품이다.

| 정면 | 옆면 | 후면 |

Part 04. 5. 아방가르드 스타일

종류 3   **피닉스 스타일(Phoenix Style)**

한 마리의 불사조가 날아가며 불을 뿜는 듯한 모습을 표현한 작품으로, 매쉬의 끝부분은
가볍게 질감처리하여 불사조의 깃털처럼 표현하였고, 수염은 빨간색과 파란색을 조합하여
불사조가 불을 뿜는 듯한 느낌을 준다.

| 정면 | 옆면 | 후면 |

종류 4   **컴배트 스타일 2(Combat Style 2)**

전투를 표현한 작품으로 앞머리 매쉬는 가닥가닥 뽑아서 불 화살을 만들었고 사이드 판넬
은 성벽을 나타냈다. 수염은 레드 오렌지 컬러를 사용하여 불을 뿜어대는 느낌을 준다.

| 정면 | 옆면 | 후면 |

네스트 버드 스타일(Nest Bird Style)

새가 둥지에 날아와 먹이를 주는 모습을 표현한 작품이다. 크라운 부분의 직선과 아치는 둥지, 턱수염은 먹이, 사이드는 새가 둥지에 날아와 먹이를 주고 있는 모습을 표현한 작품이다.

정면

옆면

후면

종류 6 코럴리프 스타일(Coral Reef Style)

산호초를 표현한 작품으로, 앞머리는 푸른 바다, 두정부는 말미잘, 사이드는 물고기, 백 부분은 바다 식물, 백사이드는 뱀장어를 표현하였다.

정면

옆면

후면

Part 04 5. 아방가르드 스타일

Chapter 06

수염디자인
(Beard Design)

수염 디자인의 종류는 크게 길이에 따라 롱, 미디엄, 숏으로 구분되며 길이를 혼합하여 사용하는 혼합형으로도 디자인할 수 있는데, 문헌연구 자료가 없어 본 연구자의 경험을 토대로 길이에 따른 수염 디자인을 분류한 것은 아래와 같다.

길이에 따른 수염 디자인 분류

디자인 요소	길이 기준
롱 디자인	5㎝ 이상
미디엄 디자인	2~5㎝
숏 디자인	2㎝ 이하
혼합형 디자인	숏, 미디엄, 롱의 길이가 혼합된 스타일

종류 1   롱 디자인(Long Design)

콧 수염과 턱 수염의 길이는 5㎝ 이상이며, 아치형과 볼트느낌의 굵은 홈을 나타낸 염색하지 않은 수염 디자인이다.

종류 2 　미디엄 디자인(Medium Design)

콧수염과 턱수염의 길이는 2~5㎝이내이
며, 아치형과 볼트느낌의 굵은 홈을 나타
냈다. 염색은 갈색으로 되어있다.

종류 3 　숏 디자인(Short Design)

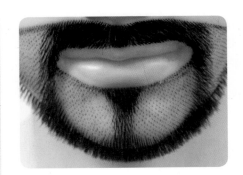

콧 수염과 턱 수염의 길이는 2㎝ 이하로
클리퍼를 사용하여 짧게 자르고 조각하는
수염 디자인이다.

종류 4 　혼합형 디자인(Combination Design)

콧 수염과 턱 수염의 길이를 다양하게 표
현한 것으로 인중 부분은 숏, 콧 수염 끝
에서 수직으로 내려오는 부분은 미디엄,
턱 수염 가운데 부분은 롱의 길이로 혼합
된 수염 디자인이다.

Chapter 07

작품제작(Work Production)

1 아치 볼트 클래식 작품 제작 과정

구 분	내 용
재료 및 도구	마네킹, 커트도구, 드라이기, 브러시, 빗, 골빗, 세팅용 스프레이, 광택 스프레이, 왁스
블로킹	①영역 : 좌측의 F.S.P에서 G.P를 지나 우측 F.S.P까지 연결된 원형으로 나눈다. ②영역 : 좌측면에서 네이프 사이드라인까지 나눈다. ③영역 : 우측면에서 네이프 사이드라인까지 나눈다. ④영역 : ①, ②, ③영역을 제외한 나머지 뒷머리 영역이다.
커트	①영역은 T.P길이를 8㎝에 맞추어 스퀘어 커트한다. ②,③영역은 ①영역의 가이드에 맞추어 스퀘어 커트한다. ④영역은 ①영역의 가이드에 맞추어 B.P까지 스퀘어 커트하고, 밑 기장을 1㎝ 이하로 설정하여 그라데이션으로 연결 커트한다. 질감 처리는 노멀 테이퍼링한다. 콧수염은 인중에서 바깥쪽으로 갈수록 길어지게 커트한다. 턱수염은 8㎝로 유니폼 레이어 커트한다. 질감처리는 노멀 테이퍼링한다.
드라이	네이프에서부터 시작하여 ④영역을 드라이 한다. 이때 G.P로 갈수록 볼륨을 크게 살린다. ④영역과 연결하여 T.P는 볼륨이 가장 낮게 앞머리로 갈수록 볼륨을 높게 설정하여 플랫한 느낌이 될 수 있도록 ①영역을 드라이한다. ②,③영역은 후대각으로 ④영역과 ①영역에 연결되게 드라이한다. 이 때 S.P 아래에는 볼륨을 주지 않도록 주의한다. 브러시를 이용하여 콧수염은 S컬이 나오도록, 턱수염은 가운데로 모일 수 있도록 드라이하여 준다.
세팅	드라이 방향대로 곱게 빗질하여 스프레이로 고정한다. 앞머리와 좌측, 우측면은 골빗을 이용해서 골을 내주고 스프레이로 고정한다. 수염도 드라이 방향에 맞춰 빗질하여 스프레이로 고정 후 골빗을 이용하여 골을 낸다.

아치 볼트 클래식 도해도 및 조형적 특성

구분		내용
도해도	블로킹	
	커트	
	형태	• 전체적인 외형의 모습은 사각형의 형태, 성 베드로 성당 내부의 기둥들처럼 골이 나있으며 매끄럽고 윤기 나게 마무리 됨 • 콧수염은 S자의 형태와, 턱수염은 성 베드로 성당 내부의 천장의 아치형의 형태
조형적 특성	질감	매끄러운 표면, 골이 나있음

<table>
<tr><th rowspan="2">조형적 특성</th><th rowspan="3">색채</th><th>NCS 색상 분포도</th><th>NCS 명도 · 채도 분포도</th></tr>
<tr><td></td><td></td></tr>
<tr><td>팔레트 ▮▮▮▮</td><td>색상 값 ● S8502-Y</td></tr>
</table>

정 면

후 면

우 측 면

좌 측 면

2. 아치 커브 클래식 작품 제작과정

구 분	내 용
재료 및 도구	마네킹, 커트도구, 드라이기, 브러시, 빗, 골빗, 세팅용 스프레이, 광택 스프레이, 왁스
블로킹	①영역 : 좌측의 F.S.P에서 G.P를 지나 우측 F.S.P까지 연결된 원형으로 나눈다. ②영역 : 좌측면에서 네이프 사이드라인까지 나눈다. ③영역 : 우측면에서 네이프 사이드라인까지 나눈다. ④영역 : ①,②,③영역을 제외한 나머지 뒷머리 영역이다.
커트	①영역은 T.P길이를 8㎝에 맞추어 스퀘어 커트한다. ②,③영역은 ①영역의 가이드에 맞추어 스퀘어 커트한다. ④영역은 ①영역의 가이드에 맞추어 B.P까지 스퀘어 커트하고, 밑 기장을 1㎝ 이하로 설정하여 그라데이션으로 연결 커트한다. 질감 처리는 노멀 테이퍼링한다. 콧수염은 인중에서 바깥쪽으로 갈수록 길어지게 커트하고, 턱수염은 클리퍼 12㎜로 밀어서 조각 커트한다.
드라이	네이프에서부터 시작하여 ④영역을 드라이한다. 이때 G.P로 갈수록 볼륨을 크게 살린다. ②,④영역과 연결하여 S모양의 흐름이 나올 수 있도록 ①영역을 대각선으로 나누어 사선으로 드라이한다. 이때 T.P는 볼륨이 가장 낮게 하여 플랫한 형태가 나와야 한다. ②,③영역은 후대각으로 ④영역과 ①영역에 연결되게 드라이한다. 이때 S.P아래에는 볼륨을 주지 않도록 주의한다.
세팅	드라이 방향대로 곱게 빗질하여 스프레이로 고정한다. 앞머리는 골빗을 이용해서 골을 내주고 스프레이로 고정한다.

아치 커브 클래식 도해도 및 조형적 특성

구 분		내 용
도 해 도	블로킹	
	커트	
조 형 적 특 성	형태	• 전체적인 라운드사각형의 외형 모습에서 표면에는 사선으로 빗질되어 두오모 성당 창문틀의 S자의 흐름이 보임 • 앞머리 느낌은 아치형으로 매끄럽고 윤기나게 마무리
	질감	매끄러운 표면, 골이 나있음
	색채	<table><tr><td>NCS 색상 분포도</td><td>NCS 명도 · 채도 분포도</td></tr></table>

	NCS 색상 분포도		NCS 명도 · 채도 분포도
팔레트	■	색상 값	● S8502-Y

정면

후면

우측면

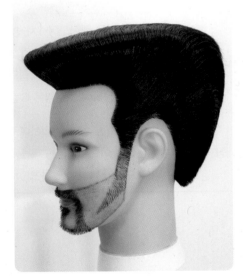

좌측면

구 분	내 용
재료 및 도구	마네킹, 커트도구, 드라이기, 브러시, 빗, 골빗, 세팅용 스프레이, 광택 스프레이, 왁스
블로킹	①영역 : 좌측의 F.S.P에서 G.P를 지나 우측 F.S.P까지 연결된 원형으로 나눈다. ②영역 : 좌측면에서 네이프 사이드라인까지 나눈다. ③영역 : 우측면에서 네이프 사이드라인까지 나눈다. ④영역 : ①,②,③영역을 제외한 나머지 뒷머리 영역이다.
커트	①영역은 T.P길이를 8㎝에 맞추어 스퀘어 커트한다. ②,③영역은 ①영역의 가이드에 맞추어 스퀘어 커트한다. ④영역은 ①영역의 가이드에 맞추어 B.P까지 스퀘어 커트하고, 밑 기장을 1㎝ 이하로 설정하여 그라데이션으로 연결 커트한다. 질감 처리는 노멀 테이퍼링한다. 콧수염 인중 부분은 1㎝로 자르고 바깥쪽으로 갈수록 길어지게 커트하여 질감처리는 노멀 테이퍼링한다. 턱수염은 8㎝로 유니폼 레이어 커트 후 디자인한다.
드라이	T.P, P.P점을 설정하여 1차 뱅을 만들어 드라이한다. B.P를 P.P점을 설정하여 2차 뱅을 만들어 드라이한다. 전체적인 외형의 모습은 사각형의 형태로 연결하여 드라이한다. 브러시를 이용하여 콧수염은 C컬이 나오도록, 바이킹 느낌이 나도록 드라이한다.
세팅	드라이 방향대로 곱게 빗질하여 스프레이로 고정한다. 뱅 부분이 솟아오르지 않도록 플랫하게 빗질한다. 수염도 드라이 방향에 맞춰 빗질하여 스프레이로 고정한다.

스파이럴 클래식 도해도 및 조형적 특성

구분		내용
도해도	블로킹	
	커트	
조형적 특성	형태	• 전체적인 외형의 모습은 사각형의 형태 • 작품의 윗면과 뒷면의 표면은 나선형 느낌으로 곡선이 보이고 매끄럽게 표면 마무리 • 수염의 형태는 아치형으로 율동감을 줌
	질감	매끄러운 표면, 골이 나있음
	색채	**NCS 색상 분포도** / **NCS 명도 · 채도 분포도** 팔레트 / 색상 값 ● S8502-Y

정 면

후 면

우측면

좌측면

돔 트라이앵글 퍼머넌트 작품 제작과정

구 분	내 용
재료 및 도구	마네킹, 커트도구, 드라이기, 롯드, 고무줄, 엔드페이퍼, 펌제, 꼬리빗(세팅용), 스프레이, 광택 스프레이, 컬링에센스, 왁스
블로킹	①영역 : 좌측의 F.S.P에서 G.P를 지나 우측 F.S.P까지 연결된 원형으로 나눈다. ②영역 : 뒷면에서 ①영역과 연결하여 역삼각형으로 나눈다. ③영역 : ①, ②영역을 제외한 나머지 영역이다.
커트	①영역은 T.P길이를 8cm에 맞추어 스퀘어 커트한다. ②영역은 ①영역의 가이드에 맞추어 밑기장을 5cm로 설정 후 그라데이션으로 연결 커트한다. ③영역은 덧날 12mm로 밀어준다. 질감 처리는 노멀 테이퍼링한다.
와인딩	1제를 도포 후 롯드 5호, 6호, 7호를 사용하여 와인딩한다. 방치시간을 거친 후 컬을 테스트하고 2제를 도포한다.
핸드 드라이	컬이 살아 있도록 드라이기를 약한 바람으로 설정하여 뿌리쪽의 볼륨을 살린다. 앞머리는 S컬이 보이도록 위로 세우고, T.P의 볼륨은 가장 낮게 플랫한 형태가 나오도록 드라이한다. 뒷머리는 윗머리 드라이 볼륨에 맞추어 사각형의 형태가 나오도록 연결하여 드라이한다.
세팅	드라이 방향에 맞추어 에센스와 왁스를 이용하여 컬을 잡아 준다. 컬을 잡을 때 드라이 형태가 망가지지 않도록 주의하고 스프레이로 고정시켜 준다.

돔 트라이앵글 퍼머넌트 도해도 및 조형적 특성

구분		내 용	
도 해 도	블로킹		
	커트		
조 형 적 특 성	형태	사다리꼴을 뒤집어 놓은 듯 한 형태, 뒷면은 역삼각형, 측면은 ㄱ자의 사각 형태	
	질감	매끄러운 표면	
	색채	NCS 색상 분포도	NCS 명도 · 채도 분포도
		팔레트 ▮	색상 값 ● S8502-Y

정 면

후 면

우 측 면

좌 측 면

구 분	내 용
재료 및 도구	마네킹, 커트도구, 탈색제, 산화제(9%), 매니큐어(오렌지), 비닐캡, 염색볼, 염색붓, 드라이기, 빗(세팅용), 골빗(세팅용), 스프레이, 광택 스프레이
블로킹	①영역 : 좌측의 F.S.P에서 G.P를 지나 우측 F.S.P까지 연결된 원형으로 나눈다. ②영역 : 좌측면에서 네이프 사이드라인까지 나눈다. ③영역 : 우측면에서 네이프 사이드라인까지 나눈다. ④영역 : ①,②,③영역을 제외한 나머지 뒷머리 영역이다.
커트	①영역은 T.P길이를 9cm에 맞추어 스퀘어 커트한다. ②,③영역은 ①영역의 가이드에 맞추어 스퀘어 커트한다. ④영역은 ①영역의 가이드에 맞추어 B.P까지 스퀘어 커트하고, 밑 기장을 4cm 이하로 설정하여 그라데이션으로 연결 커트한다. 질감 처리는 노멀 테이퍼링한다.
탈색 및 매니큐어	모발의 1/3에 탈색제를 도포하여 15레벨 이상으로 탈색한다. 모발 전체에 오렌지 매니큐어를 도포한다.
드라이	윗면의 T.P에 P.P점을 설정하고, 시계방향으로부터 시작하여 웨이브를 2단을 만든다. 뒷면도 윗면과 마찬가지로 B.P에 P.P점을 설정하고 시계반대 방향으로부터 시작하여 웨이브를 2단 만든다. 좌측과 우측면은 세로로 웨이브를 형성하여 윗면과 연결한다.
세팅	드라이 방향대로 곱게 빗질하여 스프레이로 고정한다. 뱅 부분이 솟아오르지 않도록 플랫하게 빗질한다. 드라이 방향에 맞춰 빗질하여 골빗을 사용하여 스프레이 고정한다.

윈드밀 스트럭처 도해도 및 조형적 특성

구분		내용
도해도	블로킹	
	커트	
조형적 특성	형태	• 전체적인 외형의 모습은 사각형의 형태 • 작품의 윗면과 뒷면에는 두오모 성당 철재 장신구 무늬처럼 웨이브가 형성됨 • 표면에는 배럴볼트 느낌의 골이 나있음
	질감	매끄러운 표면, 골이 나있음
	색채	

NCS 색상 분포도	NCS 명도 · 채도 분포도

팔레트		색상 값	○ S1505-G90Y ○ S0580-Y70R ● S8502-Y

Part 04 헤어디자인(남성작품) Hair Design(Men's Work) 369

Part 04 7. 작품제작

정 면

윗 면

뒷 면

좌 측 면

구 분	내 용
재료 및 도구	마네킹, 커트도구, 탈색제, 산화제(9%), 매니큐어(오렌지), 비닐캡, 염색볼, 염색붓, 드라이기, 빗(세팅용), 골빗(세팅용), 스프레이, 광택 스프레이
블로킹	①영역 : 좌측의 F.S.P에서 G.P를 지나 우측 F.S.P까지 연결된 원형으로 나눈다. ②영역 : 좌측면에서 네이프 사이드라인까지 나눈다. ③영역 : 우측면에서 네이프 사이드라인까지 나눈다. ④영역 : ①,②,③영역을 제외한 나머지 뒷머리 영역이다.
커트	①영역은 T.P길이를 9cm에 맞추어 스퀘어 커트한다. ②,③영역은 ①영역의 가이드에 맞추어 스퀘어 커트한다. ④영역은 ①영역의 가이드에 맞추어 B.P까지 스퀘어 커트하고, 밑 기장을 4cm 이하로 설정하여 그라데이션으로 연결 커트한다. 질감 처리는 노멀 테이퍼링한다.
탈색 및 매니큐어	모발의 1/3에 탈색제를 도포하여 15레벨 이상으로 탈색한다. 모발 전체에 밝은 갈색 매니큐어를 도포한다.
드라이	G.P에 P.P점을 설정하고 시계방향으로부터 시작하여 웨이브를 2단을 만든다. 앞머리까지는 5단의 웨이브를 만들고 네이프까지는 6단의 웨이브를 만든다. 전면에서 봤을 때 사각형의 형태가 살아 있도록 드라이한다.
세팅	드라이 방향에 맞추어 곱게 빗어준다. 뱅 부분이 솟아오르지 않도록 플랫하게 빗질한다. 빗질 후 골빗을 사용하여 굵은 골을 내준다.

스파이럴 스트럭처 도해도 및 조형적 특성

구 분		내 용
도 해 도	블로킹	
	커트	
조 형 적 특 성	형태	전체적인 외형의 모습은 피사의 사탑처럼 층층이 쌓여있는 탑의 형태로, 표면에는 굵은 골이 나있음
	질감	매끄러운 표면, 골이 나있음
	색채	NCS 색상 분포도 / NCS 명도·채도 분포도 / 팔레트 / 색상 값: S1505-G90Y, S5010-Y30R, S8502-Y

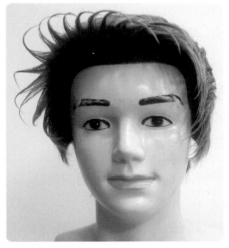

정 면

후 면

우 측 면

좌 측 면

구 분	내 용
재료 및 도구	마네킹, 커트도구, 탈색제, 산화제(9%), 매니큐어(오렌지, 회색, 블랙), 비닐캡, 염색볼, 염색붓, 드라이기, 빗(세팅용), 골빗(세팅용), 스프레이, 광택 스프레이
블로킹	①영역 : 좌측의 F.S.P에서 G.P를 지나 우측 F.S.P까지 연결된 원형으로 나눈다. ②영역 : 측면은 ①영역과 4cm의 간격을 두고 2cm의 폭으로, 뒷면은 ①영역과 삼각형으로 간격을 두고 2cm 폭으로 사이드와 연결하여 원형으로 나눈다. ③영역 : ①,②영역을 제외한 나머지 영역으로 베이스이다.
커트	①영역은 T.P길이를 8cm에 맞추어 스퀘어 커트한 후 앞으로 내려 빗어 좌측으로 길어지는 비대칭의 앞머리를 커트한다. ②영역은 10cm로 유니폼 레이어 커트를 하는데, 뒷면 중앙의 2cm 정도 폭은 15cm로 커트한다. ③영역에서 네이프의 길이는 15cm로 설정하고 네이프를 제외한 나머지 영역은 7cm로 레이어 커트한다. 질감처리는 ①,②영역은 노멀 테이퍼링, ③영역은 딥 테이퍼링한다.
탈색 및 매니큐어	①,②영역에는 앞머리를 제외하고 뿌리에서 1cm를 띄우고 탈색제를 도포하여 15레벨 이상으로 탈색한다. ①영역의 매니큐어는 앞머리를 제외하고 가장 중심 부분부터 오렌지, 하이라이트, 하늘색과 하이라이트의 그라데이션으로 도포한다. ②영역에는 회색 매니큐어를 도포하고, ③영역은 블랙을 도포한다.
드라이	②,③영역은 스트레이트로 브러시를 이용하여 드라이한다. 이때 크레스트 부분에는 볼륨감이 필요하다. ①영역은 중심부분은 직선으로 뻗게, 외각으로 갈수록 베이스와 연결되는 곡선으로 드라이한다.
세팅	드라이 방향에 맞추어 곱게 빗어준다. 빗질 후 ①영역에는 얇게 매쉬를 뽑고, 네이프는 골을 내어 머릿결을 돋보이게 한다.

파운틴 영 패션 도해도 및 조형적 특성

구분		내 용
도해도	블로킹	
	커트	
조형적 특성	형태	전체적인 외형의 모습은 성 베드로 성당의 분수의 외각형태와 같이 아치형으로, 매끄럽게 빗긴 베이스부분과 뾰족하게 표현된 매쉬 부분으로 나눔
	질감	매끄러운 표면, 골이 나있음
	색채	(아래 참조)

NCS 색상 분포도

NCS 명도 · 채도 분포도

팔레트		색상 값	● S8502-Y ● S2030-B10G ● S3010-Y20R ● S1050-Y50R ○ S1505-Y

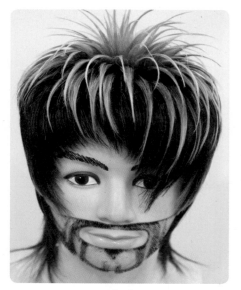

정 면

옆 면

뒷 면 상단

뒷 면

구 분	내 용
재료 및 도구	마네킹, 커트도구, 탈색제, 산화제(9%), 매니큐어(오렌지), 비닐캡, 염색볼, 염색붓, 드라이기, 빗(세팅용), 골빗(세팅용), 스프레이, 광택 스프레이
블로킹	①영역 : 좌측의 F.S.P에서 7㎝의 폭으로 우측 F.S.P를 지나 G.P까지 사선으로 연결하여 나눈다. ②영역 : ①영역과 연결하여 우측의 E.B.P까지 사선으로 영역을 나누되, 폭은 7㎝에서 5㎝로 좁아진다. ③영역 : ②영역과 연결하여 좌측으로 사선이 되게 나눈다. ④영역 : 네이프에서 폭을 3㎝로 하여 나눈다. ⑤영역 : ①,②,③,④의 영역을 제외한 나머지 영역이다.
커트	①영역은 T.P길이를 8㎝에 맞추어 스퀘어 커트한다. ②영역은 ①영역을 가이드로 밑기장을 8㎝로 설정하여 연결 커트한다. ③영역은 8㎝로 유니폼 레이어 커트한다. ④영역은 길이를 15㎝로 설정한다. ⑤영역은 길이를 5~6㎝로 커트한다. 질감 처리는 ①,②,③,④의 영역은 노멀 테이퍼링, ⑤영역은 딥 테이퍼링한다. 콧수염과 턱수염 중앙부분은 조각커트하고, 조각 커트 외 턱수염은 6㎝로 유니폼 레이어 커트한다.

탈색 및 매니큐어	①~④영역과 턱수염에는 뿌리에서 1㎝를 띄우고 탈색제를 도포하여 15레벨 이상으로 탈색한다. ①영역은 바깥쪽에서부터 빨간색 → 하이라이트, 파란색 → 하늘색 → 하이라이트, 청보라 → 하이라이트로 그라데이션하여 도포한다. ②영역에는 안쪽에서부터 청보라색 → 하이라이트, 청보라색 → 하이라이트 → 빨간색, 파란색 → 하늘색 → 하이라이트로 그라데이션하여 도포한다. ③영역에는 안쪽에서부터 분홍색 → 하이라이트, 청보라색 → 빨간색으로 그라데이션하여 도포한다. ④영역에는 중앙쪽에서 부터 빨간색, 주황색, 청보라색 → 하늘색 → 하이라이트의 순으로 도포한다. 턱수염은 빨간색 → 주황색으로 그라데이션하여 도포한다.
드라이	①~③영역은 브러시를 이용하여 매쉬가 활짝 펼쳐질 수 있도록 매니큐어 색을 구분하여 사선으로 드라이한다. ④영역은 스트레이트로 드라이한다. ⑤영역은 베이스 부분으로서 두피와 밀착될 수 있도록 드라이한다. 수염은 칼라가 들어간 부분을 활짝 스트레이트로 드라이한다.
세팅	드라이 방향에 맞추어 곱게 빗어준다. ①~③번 영역의 가운데 부분에는 굵게 골을 내어준다. ④번 영역의 빨간색 부분은 뾰족하게 세팅하고, 주황색과 청보라의 그라데이션 영역은 모발 끝을 사선으로 커트한다. 수염부분도 창 모양처럼 삼각형이 될 수 있도록 단 커트한다.

컴배트 아방가르드 도해도 및 조형적 특성

구분		내 용
도 해 도	블로킹	
	커트	
조 형 적 특 성	형태	• 콜로세움 외벽의 아치 형태로 두상의 전체를 S자 커브로 휘감고 있는 모습 • 외벽으로 보이는 매쉬 안쪽으로는 골이 팬 매쉬와 짧은 매쉬로 이루어져 있음 • 수염은 뾰족한 삼각형의 형태로 붉은색의 컬러를 사용하여 강한 이미지로 표현
	질감	매끄러운 표면, 골이 나 있음
	색채	NCS 색상 분포도 / NCS 명도·채도 분포도
		팔레트 / 색상 값 ● S8502-Y ● S3030-B60G ● S0585-Y60R ● S4030-R70B ○ S1505-G90Y ● S2040-Y50R

정 면

후 면

우 측 면

좌 측 면

NCS 이용

1. NCS란 무엇인가?

NCS란, 국가직무능력표준(National Competency Standards)이라 하여 산업현장의 직무를 수행하기 위해 요구되는 지식, 기술, 소양(태도) 등의 내용을 국가가 산업별·수준별로 체계화한 것이다. 특정 일자리의 '직무명세서'또는 산업현장에 적합한 인재를 양성하기 위한 '인재양성지침서'로도 활용 가능하다.

(1) NCS의 용어 및 활용영역

구성항목	내 용
능력단위분류번호	능력단위를 구분하기 위하여 부여되는 일련번호로서 12자리로 표현
능력단위명칭	능력단위의 명칭을 기입한 것
능력단위정의	능력단위의 목적, 업무수행 및 활용범위를 개략적으로 기술
능력단위요소	능력단위를 구성하는 중요한 핵심 하위능력을 기술
수행준거	능력단위요소별로 성취 여부를 판단하기 위하여 개인이 도달해야 하는 수행의 기준을 제시
지식기술태도	능력단위요소를 수행하는 데 필요한 지식·기술·태도
적용범위 및 작업상황	능력단위를 수행하는 데 있어 관련되는 범위와 물리적 혹은 환경적 조건 또는 관련 자료, 서류, 장비, 도구, 재료
평가지침	능력단위의 성취 여부를 평가하는 방법과 평가 시 고려되어야 할 사항
직업기초능력	능력단위별로 업무 수행을 위해 기본적으로 갖추어야 할 직업능력

① NCS 관련 용어 정리

- 국가직무능력표준은 교육훈련기관의 교육훈련과정, 직업능력개발훈련기준 및 교재개발 등에 활용되어 산업 수요 맞춤형 인력양성에 기여할 수 있다. 또한, 근로자를 대상으로 경력개발경로개발, 직무기술서, 채용·배치·승진 체크리스트, 자가진단도구로 활용 가능하다.
- 한국산업인력공단에서는 국가직무능력표준을 교육훈련과정, 훈련기준, 자격종목 설계, 출제기준, 교육훈련교재 등 제·개정 시 활용하고 있다.
- 한국직업능력개발원에서는 국가직무능력표준을 활용하여 전문대학 및 마이스터고·특성화고 교과과정을 개편하고 있다.

② NCS 활용범위 예시

구 분		활용 콘텐츠
산업 현장	근로자	평생경력개발경로, 자가진단도구
	기업	직무기술서, 채용·배치·승진 체크리스트
교육훈련기관		교육훈련과정, 훈련기준, 교육훈련교재
자격시험기관		자격종목 설계, 출제기준, 시험문항, 시험방법

2. NCS 이용분야

NCS 이용분야에는 현재 48개의 능력단위가 개발되어 있으며, '이용'의 직무 정의는 다음과 같다.

(1) 직무 정의

이용은 시대변화에 따라 고객의 특성을 살려 외모를 단정하고 멋스럽게 연출하기 위하여 인체 및 모발을 대상으로 도구 및 기기, 제품 등을 사용하여 이발, 면도, 정발, 아이론 펌, 샴푸, 가발, 두개피 관리, 염·탈색, 화장 등을 통해 전체적인 스타일을 완성하는 일이다.

(2) 능력단위

① **이용 NCS 직무 정의와 48개 능력단위**

순번	능력단위	순번	능력단위	순번	능력단위
1	샴푸·트리트먼트	17	두개피관리 상담	33	헤어타투
2	단발형 이발	18	탈모관리	34	남성 화장술
3	짧은 단발형 이발	19	모발관리	35	이용 코디네이션
4	혼합형 이발	20	패션 부분가발	36	이용 교수법
5	기본 면도	21	패션 전체가발	37	이용 고객서비스
6	응용 면도	22	맞춤가발	38	이용 재무관리
7	여성 면도	23	모발증모	39	이용창업
8	기본 염·탈색	24	헤어 브레이즈	40	이용 인사관리
9	응용 염·탈색	25	남성 손·발 관리	41	이용 홍보마케팅
10	기본 정발	26	남성 바디관리	42	이용 경영 관리
11	응용 정발	27	클래식 헤어디자인	43	이용 위생·안전관리
12	아이론 정발	28	스트럭쳐 헤어디자인	44	기초 이발
13	세트롤 정발	29	영 패션 헤어디자인	45	장발형 이발
14	기본 아이론 펌	30	프로그레시브 헤어디자인	46	중발형 이발
15	응용 아이론 펌	31	크리에이티브 헤어디자인	47	남성 기초 펌
16	스캘프케어	32	이용 일러스트레이션	48	남성 응용 펌

② 이용 NCS 능력단위의 정의 및 능력단위 요소

능력단위	수준	정의	능력단위요소
샴푸 · 트리트먼트	2	샴푸 · 트리트먼트란 고객에게 적합한 제품을 선정하여 샴푸하고 트리트먼트하여, 두피와 모발의 생리적 분비물과 이물질을 제거함으로써 두발상태를 양호하게 하는 능력이다.	샴푸 · 트리트먼트 준비하기 샴푸 · 트리트먼트 작업하기 샴푸 · 트리트먼트 마무리하기
기초 이발	2	기초 이발이란 이용역사와 이발술의 기초를 통해 이발의 기본기를 완성하는 능력이다.	이용역사 설명하기 기초 이발하기
장발형 이발	2	장발형 이발이란 귀를 2/3 이상 길게 덮는 스타일로써 전체두발길이를 길게하여 하단부와 상단부의 단차를 자유롭게 설정하여 깎는 능력이다.	솔리드형 이발하기 레이어드형 이발하기 그레쥐에이션형 이발하기
중발형 이발	3	중발형 이발이란 귀를 닿는 길이부터 귀를 2/3 미만 덮는 스타일로써 하단부와 상단부의 단차를 자유롭게 설정하여 깎는 능력이다.	상중발형 이발 중중발형 이발 하중발형 이발
단발형 이발	2	단발형 이발이란 귀를 덮지 않도록 길이를 설정하여 원하는 스타일에 따라 양감을 조절하여 하단부에서 상단부로 갈수록 모발길이를 점차 길어지게 깎는 능력이다.	상상고형 이발하기 중상고형 이발하기 하상고형 이발하기
짧은 단발형 이발	2	짧은 단발형 이발이란 두상의 모발이 눕지 않고 세울 정도의 짧은 스타일로 천정부의 형태를 둥근형, 삼각형, 사각형으로 깎는 능력이다.	둥근형 이발하기 삼각형 이발하기 사각형 이발하기
혼합형 이발	3	혼합형 이발이란 고객의 요구사항과 트렌드를 반영하여 두발을 자르거나 깎고 다듬는 응용기술로써 다양한 헤어스타일을 완성할 수 있는 능력이다.	혼합형 이발 분석하기 혼합형 이발 작업하기
기본 면도	2	기본 면도란 면도 기구를 이용하여 얼굴, 목 부분 등에 있는 불필요한 털을 깎아 사람의 용모를 단정하게 정리하는 능력이다.	기본 면도 기초지식 파악하기 기본 면도 작업하기 기본 면도 마무리하기
응용 면도	3	응용 면도란 기구를 사용하여 수염을 디자인하고 털을 깎거나 다듬어서 개인의 특성에 맞게 개성을 살려주는 능력이다.	수염 유형 파악하기 수염 디자인하기 수정 보완하기

능력단위	수준	정의	능력단위요소
여성 면도	3	여성면도란 면도도구나 실을 이용하여 얼굴, 목 부분 등의 불필요한 솜털을 깎거나 제모를 하여 피부의 아름다움을 돋보이게 하는 능력이다.	여성 면도 준비하기
			여성 면도 작업하기
			여성 면도 마무리하기
기본 염·탈색	2	기본 염·탈색이란 고객의 버진 모발을 대상으로 작업 목적에 따라 적합한 제품을 선정하여 염색 및 탈색을 작업할 수 있는 능력이다.	염·탈색 준비하기
			염·탈색 작업하기
			염·탈색 마무리하기
응용 염·탈색	3	응용 염·탈색이란 고객의 요구사항과 트렌드를 반영하여 모발을 염·탈색하는 기술로써 다양한 디자인의 염·탈색 스타일을 작업할 수 있는 능력이다.	응용 염·탈색 준비하기
			응용 염·탈색 작업하기
			응용 염·탈색 마무리하기
기본 정발	2	기본 정발이란 고객의 모발을 대상으로 블로 드라이어, 빗과 브러시 등을 이용하여 모발의 볼륨을 증가하거나 감소시켜 고객의 얼굴과 두상의 조화미를 연출하는 능력이다.	기초 지식 파악하기
			기본 정발 작업하기
			리세트 작업 및 정리 정돈하기
응용 정발	3	응용 정발이란 블로 드라이어, 브러시, 빗 등의 도구 및 기구를 사용하여 C·CC·S컬을 연출함으로써 머리형태에 다양한 변화를 주는 능력이다.	원리 및 도구 파악하기
			응용 정발 작업하기
			리세트 작업 및 정리 정돈하기
아이론 정발	3	아이론 정발이란 아이론을 사용하여 머리형태에 변화를 주어 남성 스타일을 연출하는 능력이다.	원리 및 도구 파악하기
			아이론 정발 작업하기
			아이론 정발 마무리하기
세트롤 정발	2	세트롤 정발이란 세트롤 도구를 사용하여 모발 형태에 변화를 주어 남성 헤어스타일을 멋스럽고 단정하게 완성하는 능력이다.	원리 및 도구 파악하기
			세트롤 작업하기
			세트롤 마무리하기
기본 아이론 펌	2	기본아이론 펌이란 펌제와 아이론 기기 등을 사용하여 모발의 구조와 형태를 물리적·화학적으로 변화시켜 웨이브 펌을 완성하는 능력이다.	기본 아이론 펌 준비하기
			기본 아이론 펌 작업하기
			기본 아이론 펌 마무리하기
응용 아이론 펌	3	응용 아이론 펌은 고객의 요구를 반영하여 헤어디자인을 설계하고 펌제와 아이론 및 열펌기구로 모발의 구조와 형태를 변화시켜 헤어 웨이브와 스트레이트 펌을 완성하는 능력이다.	응용 아이론 펌 준비하기
			응용 아이론 펌 작업하기
			응용 아이론 펌 마무리하기

능력단위	수준	정의	능력단위요소
남성 기초 펌	2	남성 기초 펌이란 펌제와 도구 및 기구를 이용하여 모발의 구조와 형태를 변화시켜 기초 펌을 완성 하는 능력이다.	남성 기초 펌 준비하기
			남성 기초 펌 작업하기
			남성 기초 펌 마무리하기
남성 응용 펌	3	남성 응용 펌이란 고객의 요구를 반영하여 헤어펌디자인을 설계한 후 모발에 다양한 도구를 사용하여 응용 펌 스타일을 완성하는 능력이다.	남성 응용 펌 구상하기
			남성 응용 펌 제작하기
			남성 응용 펌 세팅하기
스캘프케어	3	스캘프 케어란 건강한 두개피부 및 두발을 유지·관리하기 위하여 상담 및 진단기기·제품을 이용하여 두개피 문제를 관리할 수 있는 능력이다.	스캘프케어 준비하기
			진단·분류하기
			스캘프케어하기
			사후 관리하기
두개피관리 상담	5	두개피관리 상담이란 고객의 라이프 스타일로 시작되는 두 개피관리 상담은 고객에 대한 유용한 정보를 제공받는 능력이다.	두개피관리 상담 준비하기
			두개피관리 상담 적용하기
			두개피관리 상담 마무리하기
탈모관리	5	탈모관리란 건강한 두개피를 유지·관리하기 위한 두개피 육모처지로써 진단기기 및 대체요법 등으로 탈모를 예방하고 관리하는 능력이다.	탈모관리 준비하기
			탈모 관리하기
			탈모관리 마무리하기
모발관리	3	모발관리는 웨트 또는 케미컬 헤어스타일 연출과 진단에 따른 손상 및 처치를 모발의 물리적, 화학적 지식을 통해 관리할 수 있는 능력이다.	모발진단하기
			모발의 물리적 손상 처치하기
			모발의 화학적 손상 처치하기
패션 부분가발	3	패션 부분가발은 멋을 내거나 변신하기 위한 고객의 요구사항과 이미지를 분석하여 두상 부분에 어울리는 가발을 디자인하여 관리하는 능력이다.	패션 부분가발 상담하기
			패션 부분가발 작업하기
			패션 부분가발 관리하기
패션 전체가발	3	패션 전체가발은 멋을 내기 위해서나 변신을 하기 위해서 고객의 요구사항과 이미지를 분석하여 두상 전체에 어울리는 가발을 디자인하여 관리하는 능력이다.	패션 전체가발 상담하기
			패션 전체가발 작업하기
			패션 전체가발 관리하기
맞춤가발	5	맞춤 가발이란 고객들의 요구사항과 이미지를 분석하여 두상에 맞는 가발을 제작하고 디자인의 완성도를 높여 머리형태를 만드는 능력이다.	맞춤가발 상담·패턴제작하기
			맞춤가발 작업하기
			맞춤가발 관리하기

능력단위	수준	정의	능력단위요소
모발증모	3	두발에 인모 또는 인조모를 붙여주거나 엮어서 모량과 볼륨감, 길이 등을 다양하게 변화시키는 능력이다.	모발증모 상담하기
			모발증모 작업하기
			모발증모 관리하기
헤어 브레이즈	5	헤어 브레이즈는 도구를 사용하지 않고 손만으로 질감의 변화를 주어 연출하는 땋기 기법이며 다양한 재료와 땋는 방법에 따라 길이 연장이 가능하고 헤어스타일을 다르게 디자인하여 레게머리, 콘로우, 드레드 등을 연출하는 능력이다.	레게머리 스타일하기
			콘로우 스타일하기
			드레드 스타일하기
남성 손 · 발 관리	3	남성 손 · 발 관리란 손톱과 발톱 모양 다듬기에 필요한 도구와 재료의 이용법을 이해하고 고객의 장점을 극대화 시키고 단점을 보완하여 건강하게 가꾸고 마무리 할 수 있는 능력이다.	손 · 발 관리 준비하기
			손 · 발 관리 작업하기
			손 · 발 관리 마무리하기
남성 바디관리	5	남성 바디관리란 도구 및 손과 손가락을 이용하여 부위별 매뉴얼 테크닉을 이해하고 전신의 혈과 피부를 자극하여 근육을 풀어주고 긴장을 완화함으로써 인체를 건강하게 할 수 있는 능력이다	바디관리 준비하기
			바디관리 작업하기
			바디관리 마무리하기
클래식 헤어디자인	5	클래식 헤어디자인이란 고전형 드라이 작품으로 그에 필요한 커트, 염 · 탈색, 헤어스타일링 등의 과정을 거쳐 하나의 작품을 완성하는 능력이다.	클래식 작품 구상하기
			클래식 작품 제작하기
			클래식 작품 세팅하기
스트럭쳐 헤어디자인	5	스트럭쳐 헤어디자인이란 표면에 c와 c를 연결하는 물결무늬 웨이브 드라이를 한 작품으로 그에 필요한 커트, 염 · 탈색, 헤어스타일링 등의 과정을 거쳐 하나의 작품을 완성하는 능력이다.	스트럭쳐 작품 구상하기
			스트럭쳐 작품 제작하기
			스트럭쳐 작품 세팅하기
영 패션 헤어디자인	5	영 패션 헤어디자인이란 젊은 남성의 트렌디 헤어스타일을 매쉬와 빗질로 머릿결을 잘 표현한 작품으로 그에 필요한 커트, 염 · 탈색, 헤어스타일링 등의 과정을 거쳐 하나의 작품을 완성하는 능력이다.	영 패션 작품 구상하기
			영 패션 작품 제작하기
			영 패션 작품 세팅하기
프로그레시브 헤어디자인	5	프로그레시브 헤어디자인이란 역동적이고 진보적으로 디자인 하는 작품으로 그에 필요한 커트, 염 · 탈색, 헤어스타일링 등의 과정을 거쳐 하나의 작품을 완성하는 능력이다.	프로그레시브 작품 구상하기
			프로그레시브 작품 제작하기
			프로그레시브 작품 세팅하기

능력단위	수준	정의	능력단위요소
크리에이티브 헤어디자인	5 5 5	크리에이티브 헤어디자인이란 남성의 사각형태 안에서 모발의 흐름과 칼라를 창의적으로 디자인한 작품으로 그에 필요한 커트, 염·탈색, 헤어스타일링 등의 과정을 거쳐 하나의 작품을 완성하는 능력이다.	크리에이티브 작품 구상하기
			크리에이티브 작품 제작하기
			크리에이티브 작품 세팅하기
이용 일러스트레이션	4	이용 일러스트레이션이란 얼굴과 머리카락을 세부적으로 표현하기 위해 다양한 그리기 도구와 재료를 사용하여 일러스트레이션 할 수 있는 능력이다.	기초 드로잉하기
			얼굴 일러스트레이션하기
			헤어 일러스트레이션하기
			응용 일러스트레이션하기
헤어타투	3	헤어타투란 모발에 클리퍼 또는 면도기를 이용하여 선, 문자, 문양 등을 새겨 넣고 그 위에 헤나, 물감 등으로 염색하는 능력이다.	헤어타투 준비하기
			헤어타투 작업하기
			헤어타투 마무리하기
남성 화장술	3	남성 화장술이란 남성 고유의 전통적인 이미지 창출을 목적으로 피부표현, 이미지분석, 화장술을 습득하여 고객의 얼굴, 특성, 이미지와 조화를 이루는 남성 그루밍을 수행하는 능력이다.	남성 화장술 준비하기
			남성 화장술 작업하기
			남성 화장술 마무리하기
이용 코디네이션	4	이용 코디네이션이란 헤어, 메이크업, 의복, 액세서리, 신발을 조화롭게 연출하여 세련된 남성스타일을 완성하는 능력이다.	코디네이션 준비하기
			코디네이션 작업하기
			코디네이션 마무리하기
이용 교수법	5	이용 교수법이란 실생활 맥락 속에서 문제해결에 따른 교육·훈련의 전문성, 자율성에 의해 유의미한 학습경험과 학습결과를 유도하는 능력이다.	이용 교수법 준비하기
			직능, 직급별 교육 스펙트럼 구축하기
			이용 교수법 강의하기
이용 고객서비스	3	이용 고객서비스란 고객의 요구사항과 불만사항을 파악하고 맞춤 서비스를 제공하여 이용업소의 고객을 유치하는 능력이다.	고객 응대하기
			고객 상담하기
			고객 관리하기
이용 재무관리	5	이용 재무관리란 이용업에 필요한 자금을 조달하고 이를 효율적으로 운용하여 기업의 가치를 증대시키고자 고정 경비와 유동 경비 관리를 분석하고 재무제표, 손익계산서, 현금 흐름표, 절세 방안 등 통합적인 이용업의 효율적 재무와 회계 관리를 능력이다.	원가 상정하기
			영업 자본 및 재무 분석하기
			재무 포트폴리오 구성하기

능력단위	수준	정의	능력단위요소
이용창업	6	이용창업이란 이용실을 처음으로 개설해서 그 기초를 세우는 작업으로 창업 준비, 과정, 성공을 위한 체계적이고 종합적인 관리 능력이다.	창업 사전 준비 절차
			창업 컨설팅 타당성 분석하기
			인테리어 및 직원 구성하기
이용 인사관리	5	이용 인사관리란 이용업에서의 유능한 인재의 선발과 채용 및 경력개발을 통한 경쟁력 있는 이용서비스 영업을 위한 관리는 물론 직원의 이직을 줄이고, 근속을 높이는 종합적 관리 능력이다.	직원 선발과 채용하기
			이직률 감소와 장기근속 유도하기
			인사관리 법적 절차 준비하기
이용 홍보마케팅	5	이용 홍보마케팅이란 고객에게 상품이나 서비스를 효율적으로 제공하기 위한 체계적인 경영활동, 시장조사, 상품 계획, 광고, 판매 등을 통하여 이용 고객에게 최대의 만족을 주고 이용업자의 생산 목적을 가장 효율적으로 달성시키기 위한 능력이다.	판촉 및 홍보하기
			마케팅 전략 수립하기
			현장형 마케팅 반영하기
이용 경영 관리	6	이용 경영 관리란 이용서비스를 제공함으로 서비스 접점에서 발생되는 서비스 프로세스와 서비스 품질을 향상하고 관리하는 능력이다.	물적 자원 관리하기
			인적자원 관리하기
			경영 매뉴얼 구성하기
이용 위생·안전관리	2	이용 위생 안전관리란 영업장 내외의 위생과 안전한 이용 서비스를 제공하며 고객 및 시설의 안전관리와 사고를 예방하는 능력이다.	이용사 위생관리하기
			영업장 위생관리하기
			이용기구 소독하기
			영업장 안전사고 예방하기

이발실무
남성커트의 모든 것

발 행 일	2023년 2월 10일 개정5판 1쇄 발행
	2023년 5월 10일 개정5판 2쇄 발행
저 자	김성철 저자 · 김하나 감수
발 행 처	크라운출판사
	http://www.crownbook.com
발 행 인	李尙原
신고번호	제 300-2007-143호
주 소	서울시 종로구 율곡로13길 21
공 급 처	(02) 765-4787, 1566-5937, (080) 850~5937
전 화	(02) 745-0311~3
팩 스	(02) 743-2688, 02) 741-3231
홈페이지	www.crownbook.co.kr
I S B N	978-89-406-4696-0 / 13590

특별판매정가 30,000원